本书获遵义师范学院博士基金资助

西部地区生态文明建设中的保护与治理

娄胜霞◎著

中国社会科学出版社

图书在版编目（CIP）数据

西部地区生态文明建设中的保护与治理/娄胜霞著．—北京：中国社会科学出版社，2016.8

ISBN 978－7－5161－8851－4

Ⅰ.①西… Ⅱ.①娄… Ⅲ.①生态文明—建设—研究—西北地区 ②生态文明—建设—研究—西南地区 Ⅳ.①X321.24 ②X321.27

中国版本图书馆 CIP 数据核字(2016)第 213331 号

出 版 人 赵剑英
责任编辑 王 曦
责任校对 周晓东
责任印制 戴 宽

出　　版 中国社会科学出版社
社　　址 北京鼓楼西大街甲 158 号
邮　　编 100720
网　　址 http：//www.csspw.cn
发 行 部 010－84083685
门 市 部 010－84029450
经　　销 新华书店及其他书店

印　　刷 北京明恒达印务有限公司
装　　订 廊坊市广阳区广增装订厂
版　　次 2016 年 8 月第 1 版
印　　次 2016 年 8 月第 1 次印刷

开　　本 710×1000 1/16
印　　张 13.75
插　　页 2
字　　数 212 千字
定　　价 52.00 元

凡购买中国社会科学出版社图书，如有质量问题请与本社营销中心联系调换
电话：010－84083683

目　录

导　论

一　选题的理论意义与现实意义

随着社会的发展，生态环境问题已经威胁到人类的生存，人们需要重新审视人与生态环境的关系。如何保护生态环境，世界各国特别是工业文明发达国家，开始反思工业文明的弊端。国内外学者纷纷寻找解决之路、思想之源，逐步从马克思恩格斯的哲学思想中找到了解决生态问题的发展思想——生态文明。马克思、恩格斯的生态哲学思想来源于自然观，强调生态问题的核心是：人与自然的关系是和谐共生、辩证统一的。马克思自然观中所蕴含的生态哲学思想对人与环境的和谐发展具有不可替代的指导意义。因此，需要深入研究马克思关于自然观的哲学思想并赋予实践，从事情表象找到本质，深刻揭示马克思自然观中富含的生态文明思想，为人类社会的发展寻求出路。

马克思自然观揭示了哲学思想在人与自然之间的实践。首先，指出人本身是自然界的产物。[①] 其次，自然是人类劳动实践的对象，人通过劳动实践改造自然，但不能改变自然规律。恩格斯告诫人们："我们不要过分陶醉于我们对自然界的胜利。对于每一次这样的胜利，自然界都报复了我们。"[②] 最后，人与自然的和谐相处是人类生存与发展的重要保证。人类与自然的相互协调，是内在一致的，摒弃那种把"人类与自然对立起来的反自然的观点"。[③] 透视马克思的自然观，马克思在对资本主义制度批判和社会变革的历史语境中，还揭示了资本

---

① 《马克思恩格斯选集》第三卷，人民出版社 1995 年版，第 374—375 页。
② 同上书，第 519 页。
③ 同上书，第 520 页。

主义的生产方式是生态危机产生的根本原因，共产主义制度是解决生态危机的最终出路。

当代社会的生态危机是人与生态环境关系矛盾的表现，是工业社会发展的产物，是人性的危机，是人的思维方式与生存方式的危机。第二次世界大战以后的几十年里，科学技术使资本主义的经济有了长足的发展，使人类驾驭自然、控制自然并从中获取物质财富的能力达到了前所未有的程度。但繁荣背后隐藏着危机，由于资本主义的社会性质没有根本转变，在资本主义的社会生产与消费模式的诱导下，“生产异化”和“消费异化”接踵而至，各种环境污染现象已经严重到令人恐慌的程度。特别是20世纪70年代以来，人类越来越多地遭遇了生态危机、环境污染、灾害频繁等日益严重的全球性问题和生存危机。认识到生态危机的根源后，法兰克福学派和生态学马克思主义先后提出了生态危机理论，强调现代生态危机的根源在于资本主义制度，解决生态危机的关键在于实现社会制度的变革和生态革命。生态危机理论部分继承并发展了马克思主义生态观，这些生态危机论对于我们认识和解决全球化视角下中国的生态环境问题、构建社会主义和谐社会具有启迪意义。

中国共产党一直十分重视对马克思主义自然观的继承与发展。毛泽东等党的第一代领导集体，提出“绿化祖国”的环境保护任务和目标。邓小平等领导集体确立了保护和建设自然环境的长远规划。江泽民等领导集体，以马克思主义基本原理、毛泽东思想与邓小平理论为依据，与时俱进，深刻揭示了保护生态环境的本质：保护环境的实质就是保护生产力。[①] 在西部大开发战略中明确指出，将生态重建作为西部大开发的前提和首要切入点。21世纪以来，中央提出了科学发展观，此思想观点是生态文明建设的指导思想，为西部地区生态文明建设指明了方向。[②] 并在“十七大”报告中，首次明确提出“生态文

---

① 《江泽民文选》第1卷，人民出版社2006年版，第534页。

② 王学俭、宫长瑞：《试析马克思主义生态文明观及其当代意蕴》，《理论探讨》2010年第2期。

明”理念，提出生态文明建设的总体战略构想。因此，这一战略是马克思主义生态哲学的创新，是马克思主义生态文明观在中国的实践。

本书以马克思主义生态文明观为指导，深入研究西部地区的生态保护与治理等问题，具有重大的理论与现实意义。

第一，理论上，对马克思生态文明思想的深度挖掘。国内外对马克思主义生态文明思想的研究已经取得了一定的成就，但存在局限性。近年来，我国学者也翻译了大量西方有关生态环境保护等方面的专著与文献，如施密特的《马克思的自然概念》、福斯特的《生态危机与资本主义》等，从不同的角度解读马克思的生态哲学思想，开阔了我们的视野，对建设生态文明、构建社会主义和谐社会具有重要的指导意义。但通过深入的研究，发现他们只是从“物”上理解“物”，没有真正理解在“物”之上的社会关系、人的关系。本书认为，马克思主义生态文明的哲学思想是唯物主义的创新，它不仅从客体方面，也从主体的主观方面理解人与自然的关系。这种新唯物主义是以人的实践活动为基本原则，在能动与被动、客体与主体、矛盾的辩证统一中把握生态问题，以辩证法的观点理解生态文明。马克思唯物主义的“生态”并不是客观的生态环境，独立存在的生态，而是辩证的“生态”，历史的“生态”，也是发展的“生态”，是人与自然的生态，实践中的生态。

马克思、恩格斯在探讨调节人与自然之间的物质变换过程中提出了物质循环与资源持续利用的思想；在减轻污染、提高生产效率的手段中提出了依靠科学技术的思想；在解决异化劳动、异化消费的活动中，提出了适度消费和绿色消费的思想。这些思想指导了我国生态文明建设，也指导了生态保护与治理实践。但如何在中国转型的发展过程中，深刻认识马克思生态文明观，如何正确理解马克思主义生态文明观与生态保护与治理实践的内在联系，并付诸实践应该更为重要。马克思主义生态文明思想在于辩证地处理生态问题，为中国的生态保护与治理提供了现实的实践价值。

因此，全面分析马克思主义生态文明思想的本质，深入研究生态文明及其生态保护与治理实践，是本书研究的理论意义。

第二，如何克服生态危机，保护、治理生态环境是本书的现实诉求。我国西部地区正面临越来越严重的生态破坏问题。西部地区的生态基础薄弱，自然条件恶劣，气候干旱，荒漠化、沙漠化、石漠化严重，水资源短缺，生态环境先天不稳定。中国政府就明确将生态保护与治理作为西部大开发的前提，“十七大”报告首次明确提出了“生态文明”理念。这些政策与指导建议只是局部改善了生态环境，但西部地区整体生态环境呈恶化趋势，其恶化特征表现为脆弱性、恶化性和不可逆性。未来一段时期内，西部地区将面临越来越严重的生态问题，西部水土流失面积占全国水土流失面积的83.1%，西部沙化面积占全国沙化面积的99%，草原“三化”面积（沙化、退化、盐碱化）占全国“三化”面积的93.2%。同时将面临越来越严重的环境污染问题，污染水平正处在环境倒“U”形曲线的上升阶段，在环境污染方面，2009年西部GDP占中国GDP的比重约为19.4%，但2009年西部工业“三废”（废水、废气和固体废物）排放强度[①]分别是全国平均水平的1.29倍、1.16倍和1.29倍。[②] 中国沙漠、高寒、黄土、喀斯特四大生态环境脆弱带多分布在西部地区，荒漠地区多分布在新疆、内蒙古、宁夏、青海、西藏等地区，喀斯特地貌多分布在贵州、云南、广西等地区。西部地区的沙尘暴、滑坡、泥石流、干旱、雪灾等生态、气候灾害不断吞噬经济建设的成果，生态环境对社会发展的承载能力越来越弱。

借助西部大开发战略，一些西部省份提出“赶超型”经济社会发展战略，但多数仍然走传统经济增长道路，虽然经济得到了快速增长，但这种增长是以高消耗、高污染为代价的。图1显示，西部地区的能源消耗强度远远高于全国水平，能耗大，经济增长方式粗放。但反过来也可以表明，西部地区在污染处理上还有较多的工作可做，如可以加大减排空间，提高技术创新水平。技术水平的落后已经是西部地区处理环境污染、利用清洁能源、发展低碳经济的阻碍。西部地区

① 排放强度=排放总量/万元GDP。

② 根据《中国统计年鉴》（2010年）计算。

大多处于工业化初级阶段，需要快速地发展第二产业，而西部地区多以高能耗、高污染的资源密集型行业为主。高消耗、高污染，粗放式的经济增长方式对西部生态环境造成了极大的压力，严重破坏了西部生态环境的恢复能力，使西部成为生态脆弱、环境污染和经济落后三方面高度叠加的区域。越来越严重的生态环境问题对人的生存环境，对西部地区可持续发展构成了严重威胁。

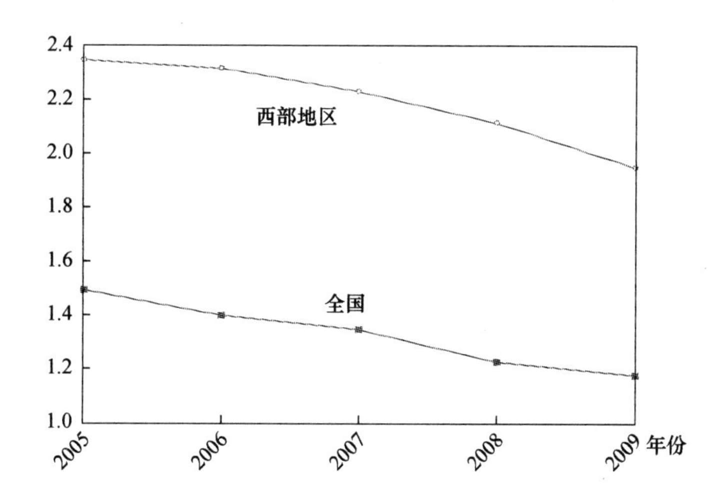

图 1　2005—2009 年全国与西部地区能源消耗强度对比

西部地区的现实背景促使我们对西部地区生态保护与治理做出深层次分析。首先，全面揭示我国西部地区面临的生态问题，以及生态保护与治理中的问题。其次，探索在马克思生态文明观的指导下，如何实现西部地区的生态保护与治理。最后，为西部生态环境与人类社会的和谐发展提出更合理的理论解释和政策建议，因此本书具有重大的现实意义。

二　研究历史与现状的追踪分析

在不同时期，对于人类与生态环境的关系有不同的认识，我们要以历史的、发展的眼光来研究生态保护与治理问题。本书从“天人合一”思想、机械自然观，到马克思恩格斯自然观的理论渊源、马克思主义自然观的演变，到西方“生态危机论”，到生态马克思主义学派的观点，再到生态文明在国内的发展，沿着这条道路对研究的历史与现状进行追踪分析。

（一）研究历史分析

1.“天人合一”思想

中国传统文化源远流长、博大精深，诸子百家的论述中包含着许多朴素的生态文明哲学思想，贯穿于政治、文化、哲学、伦理、制度等多个领域和层次，体现了古代先民和哲人的生态智慧，从而为中国共产党生态文明理论的形成奠定了深厚的历史文化基础。

“天人合一”可谓是中国传统文化中的哲学思想精髓，体现着人与自然和谐统一的思想。《周易·序卦》中载明：“有天地然后万物生焉”，“有天地然后有万物，有万物然后有男女”，说明人与万物同生于天地之间；《老子》中论述：“道生一，一生二，二生三，三生万物。”《庄子·齐物论》更鲜明地提出“天地与我并生，而万物与我为一”，强调人与天地万物共生共处等。这些经典论述虽然各不相同，但都肯定人与自然环境的高度统一，强调人与自然环境的和谐相处，这种思想普遍存在于中国传统文化中。

老子的“道法自然”，提倡遵从自然规律。人要依循“道”的自然本质，遵循自然规律。不“竭泽而渔”倡导可持续发展的思想，明确地指出了资源的有限性、合理开发资源的重要性。生态文明的思想部分源于这一传统思想，也是对这一思想的合理继承与发扬。

2. 机械自然观

机械自然观发端于欧洲文艺复兴时期，其核心思想倡导重视人对自然的改造。欧洲文艺复兴运动最核心的思想是人文主义思想，而“人”与“自然”是人文主义思想的两个核心范畴。在人文主义者那里，已经有了明确的自然法概念。物有物的“自然”，人有人的“自然”，都是自然的存在。他们所谓“自然的”，指的是非人造的，也不是神造的，而是事物自身具有的本性。

人文主义运动把人从封建神学中解放出来，把人推到大自然的前面，促进了对自然的研究，为自然哲学的产生奠定了思想基础，客观上促进了哲学的发展。文艺复兴时期的自然观主要是通过柏拉图主义的复兴、自然哲学的思辨和奇异科学的实践发展起来的，这一时期的“自然”概念是“能动的自然”、“和谐的自然”以及“经验的自然”。[①] 培根认为，科学的目的是在认识自然的基础上支配自然。[②] 因此，这个时期的自然观还强调人与自然的和谐统一。但在培根以后，唯物主义变得机械了，正如马克思恩格斯所说：“唯物主义变得敌视人了。”[③]

而笛卡尔思想，特别强调人的理性的力量和地位，一切都要在“我思故我在”的哲学命题的基础上，这表明在人与自然的关系上，人处于支配地位。笛卡尔认为，只有人的理性是真实的，因此，“借助实践哲学，我们就可以使自己成为自然的主人和统治者”[④]。霍尔巴赫也是主张唯物论的。无论是广义的还是狭义的自然都是物质的，狭义的自然是广义的自然的一部分，它依附于广义的自然，就像人的本性从属于物质的大自然一样。霍尔巴赫的自然观带有机械决定论的性质，表现在自然界中，他认为一切现象都是必然的。他举例说，自然界中每一粒尘土所落的位置都是必然的。表现在社会中，人完全受自然因果规律支配，“人是自然的产物，存在于自然之中，服从自然的法则，不能越出自然，哪怕是通过思维，也不能离开自然一步”[⑤]。人的一切活动都是以必然方式进行的。但没有强调人的主观能动性，可以认识自然，改造自然。这两种思想一方面体现人是主宰自然界的主人，另一方面体现人属于自然而不能超出自然，这些都使自然沦落为一个完全机械被动的、冰冷的物质世界。因此，近代的机械自然观割裂了自然与历史发展的关系。这种机械性和形而上学性的自然观决定了它不可能对自然界做出科学的解释。正如恩格斯所说：“孤立自然界中的各种事物和各种过程，就不是从运动的状态，而是从静止的状态去考察。”[⑥]

① 赵敦华：《西方哲学简史》，北京大学出版社 1999 年版，第 139 页。
② 张传友：《西方智慧的源流》，武汉大学出版社 1999 年版，第 139 页。
③ 《马克思恩格斯全集》第 2 卷，人民出版社 1957 年版，第 164 页。
④ 笛卡尔：《探求真理的指导原则》，商务印书馆 1991 年版，第 36 页。
⑤ 《西方哲学原著选读》下卷，商务印书馆 1963 年版，第 605 页。
⑥ 《马克思恩格斯选集》第三卷，人民出版社 1995 年版，第 360 页。

近代机械论自然观奠基于心物二元论。这种机械论强调人类在一定程度上凌驾于自然之上（或至少凌驾于自然的其他事物之上），并有权利随心所欲地塑造自然，自然是人类征服和改造的对象。他们对于自身的基本理解囿于如何超越自然，而不是如何与自然融为一体。[①]

西方近代历史把人与自然的关系对立起来，把主客体对立起来，这的确大大地促成了人类与社会的迅速“发展”，但同时也导致了人类与自然生态的破坏。[②] 总之，近代机械自然观强调，自然仅仅是被征服的对象，人类以征服自然为实现价值的目标，没有考虑自然会反作用于人类，也没有考虑人与自然如何统一。如科学技术的发展，深化了对自然的改造，但也造成了更严重的环境生态问题，全球性的生态危机表明了这种自然观的局限性。

3. 马克思恩格斯自然观的理论渊源

马克思恩格斯从科学的实践观、辩证的哲学观考察人与自然的关系，从而科学地解决了人与自然的关系问题。其思想来源于费尔巴哈旧唯物主义崇拜自然的观点以及黑格尔关于人与自然的辩证思想。马克思在批判黑格尔和修正费尔巴哈的基础上，把辩证法运用于人与自然的关系中，实现自然观哲学范式的变革。

马克思自然观是对黑格尔客观唯心主义自然观的扬弃。黑格尔在《自然哲学》导论中指出：“自然是作为它在形式中的理念产生出来的。既然理念现在是作为它自身的否定东西而存在的，或者说，它对自身是外在的，那么自然就并非仅仅相对于这种理念才是外在的，相反的，外在性就构成自然的规定，在这种规定中自然才作为自然而存在。”[③] 黑格尔认为，绝对精神是世界的真正本原，自然只是观念的“外化”。“只有理念才是永恒存在的，因为理念是自在自为的存在”。[④] 针对黑格尔的上述观点，马克思都给予深刻的批判。“自然界

---

① 大卫·雷·格里芬：《后现代科学》，马季方译，中央编译出版社 1995 年版，第 135 页。

② 张曙光：《人的存在的历史性与现代境遇》，《学术研究》2005 年第 1 期。

③ 黑格尔：《自然哲学》，商务印书馆 1980 年版，第 19—20 页。

④ 黑格尔：《自然哲学》，商务印书馆 1980 年版，第 28 页。

对抽象思维来说是外在的，抽象思维也外在地把自然界作为抽象的思想来理解，这是抽象思维的自我丧失。”[1] 他指出了黑格尔客观唯心主义自然观的实质。当然，除去唯心主义的形式，黑格尔的自然观也有其合理性。黑格尔的自然观具有能动的辩证法思想。对自然界要能动地看待它，而不要把它看成是现成的和自古以来就摆在那里的东西，只等着我们去认识它。按照黑格尔的解释，物质世界是创造出来的一种体现。黑格尔的自然观呈现出来的能动性具有深刻的辩证法思想。

马克思在黑格尔的自然观的基础上进行了创新，为辩证唯物主义自然观的创立打下了基础。而马克思视野中的自然界是在人的实践中生成的现实的自然，离开实践，人与自然的统一只能是抽象的统一。

马克思的自然观是对费尔巴哈的人本学唯物主义自然观的修正，费尔巴哈指出：“我的学说和观点可以用自然界和人两个词来概括。”[2]“自然界是人拿来当作非人性的东西，是一切感性的力量、事物和本质之总和。”[3] 他强调，自然的基本特征是感性，由于自然具有可感性质，因而是有形的，其形态是多种多样的。总体来看，费尔巴哈使自然摆脱从属于精神的附庸地位，成为“第一位的实体”，在自然观上旗帜鲜明地坚持了唯物主义。他的自然观中还包含了许多对自然观察的辩证因素，如关于自然的自己运动、内在联系和相互作用的思想等，这一切都有别于过去的机械唯物主义。虽然费尔巴哈的自然观批判了宗教神学和唯心主义的自然观，对马克思的自然观的形成具有借鉴作用，但费尔巴哈的人本学唯物主义自然观既没有把自然看作感性的人的实践活动，也没有当作实践去理解。

4. 马克思主义自然观的演变

全面分析马克思主义自然观的历史发展道路，对于深刻理解自然与人的关系，自然观蕴含的哲学思想，都具有十分重要的理论意义。深入研究马克思主义自然观的历史发展，有利于加强我国“和谐”社

---

① 马克思：《1844年经济学哲学手稿》，人民出版社2000年版，第98页。
② 《费尔巴哈哲学著作选集》（上卷），商务印书馆1984年版，第184页。
③ 《费尔巴哈哲学著作选集》（下卷），商务印书馆1984年版，第591页。

会与生态文明建设。

（1）自然观现端倪。马克思在对伊壁鸠鲁哲学的研究中，首次提出了人与自然环境的相互关系的辩证思想，但马克思对这种相互关系的辩证法还没有做出唯物主义实践论的回答。在自然面前人要受到客观实在性的制约，但人可以发挥自己的能动性，以实现人与自然的协调发展。这一时期马克思探讨了人与自然的辩证法、自由意志与客观实在性的关系问题。这时马克思的自然观具有强烈的无神论色彩，但尚未摆脱黑格尔的唯心主义束缚。从马克思对古代自然哲学的研究中可以看出，马克思的自然观初现端倪。

（2）自然观初步建构。马克思的自然观建立在哲学与政治经济学结合的基础上，虽然自然观的思想还不成熟，但思想是深刻的。在《1844 年经济学—哲学手稿》（以下简称《手稿》）中，马克思阐明了自然界的先在性和客观性、自然界的实践性和人与自然的关系等马克思主义自然观的基本内容，奠定了新自然观的基调。①

《手稿》奠定了马克思自然观的哲学思想，主要包括：

第一，自然界的客观性是一切唯物主义的出发点。不是自然界依赖人，而是人依赖自然界。这说明，人是自然界的一部分，要靠自然界生活。这表明，在《手稿》中马克思已具有丰富的生态文明思想。

第二，人与自然是不可分割的，组成一个整体。马克思指出，人本身是自然界的一部分。自然界是人类生存和发展的外部环境。人靠自然界生存发展，人的物质生活和精神生活的丰富性都以自然为基础。人作为一个有机体，关爱自然就是关爱人本身。其实马克思在《手稿》中已经提出尊重自然的价值以及对人与自然和谐的期盼与守望。

第三，实践是人与自然辩证统一的基础。实践是理解人与自然关系的关键所在。人类要生存和发展，只能通过生产实践来满足人类的

---

① 陈芬：《在自然界实现人道主义——试论马克思恩格斯的生态自然观》，《马克思主义研究》2003 年第 3 期。胡军：《马克思恩格斯关于生态问题的思考》，《中国特色社会主义研究》2006 年第 3 期。侯书和：《论马克思恩格斯的生态观》，《中州学刊》2005 年第 6 期。

需要。但生产实践又是二元性的：生产实践既可成为人与自然辩证统一的中介，又可以异化形式造成人与自然的对立，产生矛盾，导致生态环境问题的发生。因此，人类的实践应该努力使人与自然协调发展，避免人与自然之间的矛盾。

第四，异化劳动造成了人与自然的分离。在资本主义条件下，异化劳动导致人与自然界分离，是人同自然界不和谐的根源。

第五，共产主义解决的是人与自然矛盾的根本。在私有制和异化劳动存在的社会里，人与自然的矛盾是很难得到解决的。只有共产主义才有可能实现“人类同自然的和解以及人类本身的和解。”①

（3）自然观的确立。在这个阶段，马克思的实践观基本制定出来了，实现了哲学史上的革命性变革。在马克思实践唯物主义的思想中，人与环境是辩证统一的关系，人改变环境，环境也改变人。实践是人类世界的现实基础。马克思与恩格斯合著的《德意志意识形态》中，马克思阐述了人与自然的辩证关系，论述了社会的生存与发展对自然的影响。在这段时期，马克思还鲜明地提出了“人与自然和谐相处”的思想。

（4）自然观的发展。在这个阶段，《资本论》是对马克思自然观的丰富与发展。实现了哲学与经济的统一、唯物主义历史观和唯物主义自然观的统一，为我们正确处理人、自然环境与社会的关系，解决当代社会的环境问题提供了有益的启迪。马克思用大量的篇幅描述了生态危机本质上是资本主义制度的危机。资本主义的工业文明是建立在以破坏自然为代价的基础上的。

虽然，马克思的自然观并没有明确地、系统地对生态文明进行分析，但马克思的自然观中体现了生态文明的思想，为构建科学的环境伦理学提供了合法性和合理性证明；为解决生态危机提供了智慧；为建设生态文明、构建社会主义和谐社会提供了理论指导。

5. 西方的“生态危机论”

20世纪60年代以来，由于传统的经济发展模式，气候变暖、土

---

①《马克思恩格斯选集》第一卷，人民出版社1995年版，第603页。

地沙漠化、森林功能退化、资源能源枯竭、环境污染等生态危机不断出现，人们开始有意识地寻求新的发展模式。莱切尔·卡逊揭示了破坏自然环境必然危及人类的生存，提出了人与自然环境协调发展的问题。1972 年联合国召开了第一次“人类与环境会议”，形成了著名的《人类环境宣言》。同年罗马俱乐部发表了研究报告——《增长的极限》，提出了均衡发展的概念。

从此以后，人们开始反思工业文明的发展道路，开始着手进行生态环境保护与治理。1981 年，美国学者莱斯特·R. 布朗全面论述了可持续发展观。接着，1983 年联合国成立了世界环境与发展委员会，并在 1987 年发布了《我们共同的未来》研究报告，形成了人类生态文明建设的纲领性文件。

进入 20 世纪 90 年代，可持续发展的思想与实践得到不断发展，出现了环境科学和生态学与社会科学、自然科学互相交叉的新兴学科。1992 年，《21 世纪议程》强调和深化了人们对可持续发展理念的理解与认识。1992 年的联合国环境与发展大会，全球性可持续发展战略的提出，为生态文明建设提供了重要的制度保障。

6. 生态马克思主义学派的观点

生态马克思主义创立者莱易斯和阿格尔通过对资本主义危机的研究，发现异化消费导致了资本主义生态危机的发生。20 世纪 90 年代后，奥康纳指出资本主义社会的经济危机和生态危机并存，莫沃尔提出了资本主义后期的生态社会主义理论。直到 21 世纪前后，福斯特和伯克特在研究马克思主义的基础上，完整地提出了马克思主义生态思想。从此以后，西方学者在一定程度上解除了对马克思主义生态思想的否定，从各种学科的角度来建构马克思主义生态文明理论。

7. 生态文明在国内的发展

随着改革开放深入发展，我国生态环境问题逐渐凸显出来，一些学者开始用马克思主义观点来加强问题认识。这一时期，学术界主要对国外理论加以解释。主要有：王雨辰[①]、郭剑仁[②]对以福斯特和奥康纳为代表的生态学马克思主义的生态政治学进行研究。穆艳杰从意识形态和资本主义制度方面，解析了生态危机的主要根源在资本主义制度，实质是资本主义的政治危机、经济危机和人的本能结构危机的集中体现。[③] 丁东红从马克思主义生产劳动范畴入手，将生态问题作为主题，把自然生态因素与政治、经济、文化因素相联系，研究生态危机的根源及其现实解决途径。[④] 目前，还有许多学者从人与人、人与自然、人与社会等不同方面论述马克思主义生态观点。

国内学者比较系统地解析了“生态学马克思主义”各学派思想，理论有所创新，但缺乏理论联系实际，也缺乏解决中国生态保护与治理问题的指导性方案。

（二）研究现状分析

1. 生态文明研究现状

（1）生态文明内涵的研究。一是从时间的角度来界定生态文明内涵。这种观点认为生态文明是在原始文明、农业文明、工业文明之后，社会发展的一个新的文明形态。其中，徐春认为生态文明比工业文明更高级，是在工业文明已经取得的成果基础上，努力改善和优化人与自然的关系。[⑤] 卓越也指出生态文明在处理人与自然的关系方面达到了更高的文明程度，是原始文明、农业文明、工业文明之后的一个新的文明形态。[⑥] 生态文明是一种主张人与自然协调发展的新文明形态，是对原始文明、农业文明和工业文明的超越。二是从要素的角度来界定生态文明内涵。尹成勇认为，生态文明是在改造客观物质世

---

① 王雨辰：《福斯特的生态学马克思主义理论评析——生态唯物主义哲学的重建与生态政治哲学》，《马克思主义研究》2006 年第 12 期。

② 郭剑仁：《生态地批判：福斯特的生态学马克思主义思想研究》，人民出版社 2008 年版，第 12 页。

③ 穆艳杰：《生态学马克思主义的生态危机理论分析》，《吉林大学社会科学学报》2009 年第 4 期。

④ 丁东红：《“生态学马克思主义”及其启示》，《理论视野》2010 年第 4 期。

⑤ 徐春：《对生态文明概念的理论阐释》，《北京大学学报》（哲学社会科学版）2010 年第 1 期。

⑥ 卓越：《加强公民生态文明意识建设的思考》，《马克思主义与现实》2007 年第 3 期。

界的同时，人们积极改善人与自然的关系，建设良好的生态环境与有序的生态运行机制所取得的物质、精神、制度等方面成果的总和。[①]其他学者如张云飞认为生态文明与物质文明、精神文明和政治文明并列，共同构成了社会的文明系统。[②] 生态文明包含三个重要特征：高度的环境保护意识、可持续的发展模式、更加公正合理的社会制度。[③]一般来说，生态文明是独立于物质文明、精神文明和政治文明的，是生态危机后对人与自然环境关系进行反思而提出的，是一个持续不断的建设过程。

（2）生态文明在中国的发展。当然，生态文明发展，应从我国实际出发，系统考虑物质文明、精神文明、政治文明与生态文明，深入分析各种文明之间的内在联系。2007 年党的“十七大”报告中明确指出建设中国社会主义生态文明以来，马克思生态文明观在中国得到了极大的发展。刘思华（2008），方时姣（2008），郇庆治（2009），李春秋（2010），王学俭、宫长瑞（2010），张青兰（2010），廖志丹、陈墀成（2011）等许多学者从马克思生态文明观的内涵、特征等方面，解读马克思的生态文明思想。[④] 主要研究内容有三个方面：首先是马克思恩格斯人与自然环境和谐统一的生态文明思想；其次是社会主义学说的生态文明观意蕴；最后是生态文明是人类文明结构的基本要素。我国学者对马克思的生态文明观的全面继承和创造性发展，充分显示了马克思的生态文明观在现时代的科学价值和强大生命力。

---

① 尹成勇：《浅析生态文明建设》，《生态经济》2006 年第 9 期。

② 张云飞：《试论生态文明在文明系统中的地位和作用》，《教学与研究》2006 年第 5 期。

③ 中国社会科学院邓小平理论和“三个代表”重要思想研究中心：《论生态文明》，《光明日报》2004 年 4 月 30 日。

④ 刘思华：《对建设社会主义生态文明论的若干回忆——兼述我的“马克思主义生态文明观”》，《中国地质大学学报》（社会科学版）2008 年第 4 期。方时姣：《马克思主义生态文明观在当代中国的新发展》，《学习与探索》2008 年第 5 期。郇庆治：《社会主义生态文明：理论与实践向度》，《江汉论坛》2009 年第 9 期。李春秋：《马克思恩格斯生态文明观探究》，《伦理学研究》2010 年第 4 期。王学俭、宫长瑞：《试析马克思主义生态文明观及其当代意蕴》，《理论探讨》2010 年第 2 期。张青兰：《马克思主义的生态文明观及其现实意义》，《山东社会科学》2010 年第 8 期。廖志丹、陈墀成：《中国生态文明建设的哲学智慧之源》，《贵州社会科学》2011 年第 1 期。

诸大建（2008）指出，生态文明的研究要在三个问题上进行深入研究[①]：一是在为什么的问题上，提出生态文明是对工业文明的变革性反思。指出传统工业文明受到两个基本的限制，即自然资本对于经济持续增长和经济增长对于生活质量改进的限制。中国发展生态文明就是要处理好自然资本和生活质量的双重挑战。二是在是什么的问题上。认为生态文明是要用较少的自然消耗获得较大的社会福利，中国特色生态文明是按照生态文明的原则实现传统工业文明的任务。为此，需要转向循环型的新型工业化、紧凑型的新型城市化、功能型的新型现代化。三是在怎么做的问题上，强调中国生态文明需要遵循从文化到制度再到物质层面的推进顺序。提出了需要内化于生活之中的生态文明基本法则，呼吁中国的企业、社会和政府创新要服务于生态文明建设。

（3）生态文明在中国的实践。生态文明在中国的实践可以从以下几个方面进行展开：

一是生态文明思想在社会发展中的指导作用。如姚旻（2009）指出，西部民族地区应在生态文明理念下发展生态经济，通过产业生态化发展实现经济效益和生态效益的统一。[②] 哈文、汪志国（2009）探讨了生态文明理论与生态安徽实践。[③] 赵西三（2010）研究了生态文明视角下我国的产业结构调整。[④] 李宏岳（2008）研究了生态文明视野下的新型工业化道路。[⑤] 缪细英等（2011）进行了生态文明视野下中国城镇化问题研究。[⑥] 王国聘、是丽娜（2008）分析了生态文明视野中的生态旅游发展之路。[⑦]

---

① 诸大建：《生态文明：需要深入勘探的学术疆域——深化生态文明研究的10个思考》，《探索与争鸣》2008年第6期。

② 姚旻：《生态文明与西部民族地区经济发展》，《中国流通经济》2009年第12期。

③ 哈文、汪志国：《生态文明理论与生态安徽实践》，《江淮论坛》2009年第3期。

④ 赵西三：《生态文明视角下我国的产业结构调整》，《生态经济》2010年第230期。

⑤ 李宏岳：《生态文明视野下的新型工业化道路》，《经济问题探索》2008年第7期。

⑥ 缪细英、廖福霖、祁新华：《生态文明视野下中国城镇化问题研究》，《福建师范大学学报》（哲学社会科学版）2011年第1期。

⑦ 王国聘、是丽娜：《生态文明视野中的生态旅游发展之路》，《学术交流》2008年第2期。

二是生态文明如何建设？李文生（2009）指出，在生态文明建设过程中所面临的生态问题迫切需要建立一整套科学、规范的体制和机制：①弘扬生态文明，构建可持续发展的生态支撑体系；②转变发展方式，建立促进生态文明建设的科技保障体系；③发展循环经济，加强生态监测和预警体系建设；④加快法制建设，建立完善的生态补偿机制。[①] 如刘宗碧（2010）的黔东南生态文明试验区建设，[②] 舒川根（2010）的太湖流域生态文明建设研究，[③] 陈玉梅（2007）的海南省文昌市“生态文明村”研究，[④] 黄德林、余韵（2008）的加强农村环境保护，促进生态文明建设，[⑤] 等等，学者们从不同角度、不同的研究对象指出在生态文明建设过程中出现的问题以及应该采取的措施。

三是生态文明建设如何评价？生态文明建设的评价还处于初始阶段，研究还不深入。先前的研究主要涉及城市生态系统评价、生态环境质量评价、生态安全评价等。申振东（2009）从生态经济、生态环境、生态文化、基础设施、民生改善、廉洁高效六个方面，选取反映生态文明城市建设情况的 33 项指标，对贵阳市的生态文明建设进行评价，该文是第一个生态文明建设评价的研究，具有重要的借鉴意义。[⑥] 2009 年，北京林业大学生态文明研究中心 ECCI 课题组首次公布了中国省级生态文明建设评价报告，为各地生态文明建设目标的确立、相关政策的制定提供了参考依据。[⑦] 目前国内外就生态文明建设

① 李文生：《马克思主义生态文明观视阈下的海峡西岸经济区建设》，《福建农林大学学报》（哲学社会科学版）2009 年第 4 期。

② 刘宗碧：《必须妥善处理生态目标与生计需要之间的关系——关于黔东南生态文明试验区建设中的问题之一》，《生态经济》2010 年第 5 期。

③ 舒川根：《太湖流域生态文明建设研究——基于太湖水污染治理的视角》，《生态经济》2010 年第 6 期。

④ 陈玉梅：《海南省文昌市“文明生态村”研究》，博士学位论文，华中师范大学，2007 年。

⑤ 黄德林、余韵：《加强农村环境保护，促进生态文明建设——以武汉城市圈为例》，《理论月刊》2008 年第 6 期。

⑥ 申振东：《建设贵阳市生态文明城市的指标体系与监测方法》，《中国国情国力》2009 年第 5 期。

⑦ 北京林业大学生态文明研究中心 ECCI 课题组：《中国省级生态文明建设评价报告》，《中国行政管理》2009 年第 11 期。

评价体系的研究，主要集中在对生态安全指标体系、生态环境质量综合评价体系、生态区指标体系等。虽然，已有部分研究涉及了生态文明的评价，并得到了有益的结论，但就生态文明中的“文明”研究程度还不够，“文明”类评价指标体系研究尚不足，而且中国各地区域差异较大，不同地区应该构建具有差异性的指标体系。

2. 西部地区生态保护与治理研究现状

在众多的生态保护与治理的研究文献中，我们能梳理出生态问题研究的几个方面：

第一，西部地区面临的生态问题。生态环境与人类发展之间关系。这方面主要探讨了人类发展过程中，人口数量增长过快、人口素质低、人口结构不合理等导致环境污染、生态破坏等问题，并分析了如何使生态环境与人类协调发展，这里不过多进行分析。

关于生态环境与经济增长之间关系研究的代表文献有：刘丽明（2001）指出西部经济增长面临的约束条件，其中生态环境的恶化削弱了西部的比较优势，唯有以产业结构的调整作为切入点，把环境产业纳入产业结构性调整的框架之中，才能引起人们对生态环境的重视，从而引发技术创新、产业结构的调整以及经济增长方式的转变。[①] 任保平、陈丹丹（2007）认为，西部地区生态环境的脆弱性决定了西部地区在工业化过程中不能走“先污染、后治理”的发展模式，而应该强化经济与生态环境的互动发展。产业互动是经济与生态环境互动发展的重要组成部分，思路是按循环经济的理念推进产业结构优化，依据比较优势原则发展西部特色产业作为依托点，以建立生态工业作为新载体来促进西部经济增长。[②] 成艾华、雷爱民（2006）通过对近些年西部经济增长现状的分析认为产业结构的不合理导致了西部经济增长中能耗过高和污染加剧，指出唯有调整产业结构，建立生态补偿

① 刘丽明：《西部开发与经济增长》，《当代财经》2001 年第 2 期。

② 任保平、陈丹丹：《西部经济和生态环境互动模式：产业互动视角的分析》，《财经科学》2007 年第 1 期。

机制，才能实现西部经济社会的可持续发展。[①] 马俊（2005）遵循了大体相同的研究思路：通过对西部生态环境现状的描述，分析了生态环境恶化对西部经济增长的影响，进而通过分析西部生态环境与西部经济增长的相互关系得出生态环境与西部经济协调发展的重要性，最后提供了西部生态环境与经济协调发展的路径和政策选择。[②]

关于生态环境与社会可持续发展研究的代表文献有：陈文晖（2006）对不发达地区的生态可持续发展战略进行了探讨，从生态环境的建设与不发达地区的可持续发展的关系上指出了西部生态环境的特征、成因及对策思路[③]；在韦苇主编的《中国西部经济发展报告》中，则以分报告的形式对中国西部生态环境存在的问题和对策以及西部生态环境建设的前沿问题进行了专题研究。[④] 李琳、刘一良研究了西部贫困地区可持续发展的障碍与对策。[⑤] 陈孝胜研究了西部地区人口、资源、环境与经济可持续发展对策。[⑥] 《中国西部环境演变评估》[⑦] 和《中国西部开发重点区域规划前期研究》[⑧] 的研究成果对进一步研究民族地区气候生态环境和重点区域发展规划有巨大的参考价值。

这部分文献主要强调了生态环境保护在西部地区可持续发展中的作用。但这部分研究多从经济发展与生态环境建设的耦合问题方面考虑，并提出相应的可持续发展战略；或者是从生态环境中某一方面考虑的。但从生态文明角度考察西部地区生态环境保护与可持续发展之

---

① 成艾华、雷爱民：《西部地区经济增长与可持续发展研究》，《统计与咨询》2006 年第 6 期。

② 马俊：《西部环境与经济增长之关系研究》，《西北民族研究》2005 年第 3 期。

③ 陈文晖：《不发达地区经济振兴之路》，社会科学文献出版社 2006 年版，第 137—147 页。

④ 韦苇主编：《中国西部经济发展报告》（2006），社会科学文献出版社 2006 年版。

⑤ 李琳、刘一良：《西部贫困地区可持续发展的障碍与对策研究》，《西安财经学院学报》2003 年第 2 期。

⑥ 陈孝胜：《西部地区人口、资源、环境与经济可持续发展对策》，《经济论坛》2004 年第 19 期。

⑦ 秦大河：《中国西部环境演变评估》，科学出版社 2002 年版。

⑧ 刘卫东：《中国西部开发重点区域规划前期研究》，商务印书馆 2003 年版。

间的关系的研究还较少，需要我们进一步探讨。

第二，西部地区生态保护与治理的策略与问题。从法律建设的角度论述西部大开发中环境保护，阐释了环境保护立法的必要性和重要性，指出环境保护法是保障西部生态环境的重要条件。①

从制度建设的角度：从制度供求、制度变迁以及制度创新角度尤其是西部地方政府的行为对西部生态环境的影响，寻求建立西部环境资源制度管理的新机制，达到西部生态环境保护的目的。②

从西部生态利益补偿机制角度：通过生态经济的利益补偿机制，建设一个生态资源能够自我补偿和修复的人与环境协调发展模式，在这个机制中，参与生态活动的各关系人成为生态补偿的主体（补偿基金的支付主体和接受主体），而“人—自然—经济”的协调则成为其补偿的客体，通过建立多形式、多层次、多渠道的生态补偿机制，实现对生态资源的价格补偿和实物补偿，从而达到西部经济发展和生态环境和谐统一的境界。③

对于西部地区生态保护与治理的策略大部分只是从某一方面进行研究，各个策略之间可能存在冲突问题，比如存在发展观方面、政策选择方面、文化观念方面的障碍，以及生态保护的公平性问题，这些方面的问题还需要我们进一步分析，只有把问题分析透彻，才能提出更有针对性的建议。还有，以上西部地区生态保护与治理的研究中，很少从生态文明的角度，站在马克思哲学的高度进行分析。因而，本书的研究将在这方面进行详细而深入的探讨，以求能得到更具有普遍性的应用。

---

① 黄霞、宋波、董邦俊：《西部开发中环境保护法制建设思考》，《中国人口·资源与环境》2002 年第 5 期；任立鹏、任锡君：《西部大开发与环境保护问题的法律思考》，《黑龙江省政法管理干部学院学报》2002 年第 5 期；刘爱军：《生态文明视野下的环境立法研究》，博士学位论文，中国海洋大学，2006 年。

② 胡树林：《制度变迁中的西部经济增长》，博士学位论文，四川大学，2004 年；巩勇：《西部大开发中环境资源制度的经济学分析》，博士学位论文，新疆大学，2005 年；曾贤刚：《环境保护产业运营机制》，中国人民大学出版社 2005 年版。

③ 黄润源：《生态补偿法律制度研究》，博士学位论文，华东政法大学，2009 年；李长亮：《中国西部生态补偿机制构建研究》，博士学位论文，兰州大学，2009 年；余波：《区域生态补偿机制研究》，博士学位论文，北京林业大学，2010 年。

三　研究的重点难点、方法与创新

（一）研究重点

西部地区生态保护与治理是我国社会发展过程中面临的难题。本书力图通过深入的调查研究，在学习借鉴前人研究成果的基础上，界定生态文明范畴，重点揭示中国特色社会主义生态文明的基本内涵、基本要求以及生态文明与其他文明的相互关系；重点揭示马克思生态文明观的基本内涵；重点揭示西部地区生态保护与治理面临的问题；重点揭示马克思生态文明思想指导下的中国西部地区生态保护与治理。

（二）研究难点

研究西部地区生态保护与治理，可以说到处充满着矛盾和问题，但最难的还是以下几个问题：

第一，西部地区面临的生态问题：西部地区自然环境维度的生态问题、经济发展与环境保护充满着矛盾和问题、生存与发展充满着矛盾和问题。西部地区生态保护与治理存在发展观、政策选择、文化观念、公平性问题。

第二，马克思生态文明基本内涵的界定，以及如何指导中国西部地区生态保护与治理。

第三，界定西部地区生态保护与治理中的关系。

（三）研究的方法

本书采用理论（生态文明理论）→实践（西部地区生态保护与治理的问题）→理论（马克思生态文明指导下的西部地区生态保护与治理的理论）→实践（西部地区生态保护与治理对策建议）的研究方式，这也是马克思主义哲学实践的思维方式。

具体的研究方法包括：抽象与具体相结合的方法、比较与系统的方法、反思与批判的方法、多学科综合研究的方法和定性分析与定量分析相结合的方法。

第一，抽象与具体相结合的方法。生态文明观是十分抽象的问题，本书将用大量具体的感性材料以及现实生活中的具体事例（生态文明建设的事例）来说明马克思生态文明观在中国的实践。关于西部地区生态环境的生态问题，将使用翔实的数据资料，说明生态问题治理的紧迫性与必要性。在阐述马克思生态文明观的现代价值时，结合当代西部地区的具体实际，用抽象与具体相结合的方法能够深入浅出地论证马克思的生态文明观对西部地区生态保护与治理的价值。

第二，比较与系统的方法。本书在论及生态文明观时，运用的是比较的方法。比较物质文明、精神文明、政治文明与生态文明。通过比较能够揭示中国共产党对各种文明的认识与发展。马克思生态文明观的本质特征就是实践性，是彻底的唯物论与彻底的辩证法的有机统一。对生态文明与生态保护与治理的研究，涉及多个领域、多门学科、多个层面，是一个庞大的系统工程，不能仅局部研究生态文明的理论和实践，而是应该用系统研究法，进行多层次的分析和研究，形成对中国共产党的生态文明理论，以及西部地区生态保护与治理的整体性认识。

第三，反思与批判的方法。哲学本身就是一门反思性与批判性的学问。本书在关于西部地区生态保护与治理，生态文明建设出现的问题以及成因等内容的分析中，运用了反思与批判的方法。只有坚持反思与批判的方法，才能深刻理解马克思生态文明观，解决西部地区面临的生态保护与治理的问题。

第四，多学科综合研究的方法。生态文明与物质文明、精神文明和政治文明密切相关，涉及政治学、社会学、经济学、法学、管理学、人口学、统计学等各个学科。因此，本书采取多学科交叉的方法进行研究。

第五，定性分析与定量分析相结合的方法。任何事物都是质和量的统一。生态文明涉及的许多问题，既有质的规定，也有量的要求。本书在定量分析的基础上，对生态文明进行定性分析，以便更好地揭示生态文明的本质和特征。

（四）主要突破方向与主要目标

主要突破方向：马克思生态文明观在西部地区生态保护与治理中的实践。

主要目标：一是西部地区面临的生态问题；二是西部地区生态保

护与治理中问题；三是马克思生态文明观的实践。

（五）创新点

本书参考了马克思主义哲学、社会学、生态学、经济学等学科的知识，使用抽象与具体相结合的方法、比较与系统的方法、反思与批判的方法、文献阅读法等展开研究。本书的创新之处主要体现在以下几个方面：

（1）研究思路的创新。本书采用理论（生态文明理论为视角）—实践（西部地区生态保护与治理的问题）—理论（马克思生态文明指导下的西部地区生态保护与治理的理论）—实践（西部地区生态保护与治理对策建议）的研究方式，这也是马克思主义哲学实践的思维方式。全书贯穿着马克思主义的实践观。

（2）本书提出西部地区面临自然环境维度、经济社会维度、生存与发展维度的三位一体的生态问题，并全面分析了生态保护与治理中存在发展观、政策选择、文化观念、公平性等问题。为马克思生态文明指导下的西部地区生态保护与治理的理论提供了现实依据。

（3）本书提出西部地区生态保护与治理要处理好八个关系。西部地区生态保护与治理暴露的问题越来越多，面临一系列难以解决的矛盾。因此，“如何解决生态保护与治理各种关系之间的矛盾”，既是理论界学者们研究的难点与热点所在，也是困扰各级政府的现实难题。本书运用矛盾运动的辩证方法，辩证地考察了西部地区生态保护与治理中带有全局性的几个问题：①多种文明协调发展的关系；②发展与保护的关系；③整体利益与局部利益的关系；④现实利益与长远利益的关系；⑤责任与权利的关系；⑥政府的主导性与群体自觉性的关系；⑦环境治理与量力而行的关系；⑧法律规范与教育引导的关系。

第一章　中国共产党对文明观的继承与发展

生态文明是指人们在改造客观物质世界的过程中，把生产力发展和社会进步建立在人与自然、人与人关系的改善与优化的基础之上，形成普遍的生态环境保护共识、生态化的生产力发展机制、可持续的能源利用方式、良好的生态环境，所取得的物质、精神和制度的总和。它是人类社会发展过程中，贯穿于原始文明、农业文明、工业文明之中，也是在建设中国特色社会主义过程中，物质文明、精神文明、政治文明快速发展后的又一重要发展目标。党的“十六大”报告把建设生态良好的文明社会列为全面建设小康社会的四大目标，党的“十七大”报告首次明确提出建设生态文明，在全社会牢固树立生态文明观。在这种新形势下，认真研究总结中国共产党生态文明理念的形成过程，深入探讨解决生态文明建设过程中的困难问题，对于加快中国生态文明建设，积极构建社会主义和谐社会，具有十分重要的现实意义。同时，作为世界上的人口大国、经济大国、资源消耗大国，中国共产党领导的生态文明建设成果，就是对世界生态文明建设发展的重大贡献。

第一节　中国共产党对文明问题的认识与发展

人类文明是不断发展、不断前进的。文明是人类在改造客观世界与主观世界的实践活动中所创造的物质成果与精神成果的总和，是文化中积极、合理成分的总和，标志着文化的进步程度和社会的发展水平。这集中体现了马克思主义文明观核心思想。文明发展就是一个国家或社会由落后的不发达状态向先进的发达状态的过渡与转化的过程，在这个过程中，人类对文明的认识也将逐步走向成熟。回顾中国共产党的发展历程，中国共产党对文明的认识与发展，是马克思主义文明观的实践。回顾历史，我们发现，中国共产党对文明的认识与发展，可以表现为如下历程：新中国成立之初提出的物质文明；改革开放后提出的物质文明和精神文明；党的“十六大”报告在物质文明、精神文明的基础上又提出了政治文明；党的“十七大”报告提出的社会主义物质文明、精神文明、政治文明和生态文明。全面分析中国共产党文明观，对于构建中国特色社会主义的文明体系，建设社会主义和谐社会，深入认识和全面贯彻落实科学发展观，具有重大的理论意义和现实意义。

一　物质文明与精神文明

（一）物质文明的形成

新中国成立之初，为了尽快恢复国民经济，实现国家的富裕强盛并走向现代化。中国共产党提出了“工业化”、“以经济建设为中心”等发展思路。中国共产党“八大”报告指出：“我们国内的主要矛盾，已经是人民对于建立先进的工业国的要求同落后的农业国的现实之间的矛盾，已经是人民对于经济文化迅速发展的需要同当前经济文化不能满足人民需要的状况之间的矛盾。这一矛盾的实质，在我国社会主义制度已经建立的情况下，也就是先进的社会主义制度同落后的社会生产力之间的矛盾。”① 这段时期物质财富匮乏，物质财富不能满足人民生活的需要。这时中国共产党以推进国民经济的发展为主要任务，变落后的农业国为先进的工业国，建设一个现代农业、工业、国防和科学技术的社会主义现代化强国。

上述这些思路都是基于使社会的物质财富极大丰富。丰富的物质财富不表示能满足人类较高的需求；物质的现代化也不表示其发展达

---

① 《中国共产党第八次全国代表大会关于政治报告的决议》。

到了较高的程度。物质财富只有发展达到一个先进的、现代化的状况，才是一个文明的要义所在。因此，在这段时期，中国共产党虽然没有直接谈及“物质文明”这个概念，但指出中国的发展不仅要物质财富丰富，还要物质的现代化，揭示了物质文明的实质，触及了物质文明的灵魂，标志着社会主义物质文明的思想基本形成。

（二）中国共产党对物质文明、精神文明的认识与发展

改革开放后，中国共产党在总结以前社会发展的问题中，提出了物质文明和精神文明“两手都要硬”、“两手一起抓”的思想。邓小平指出：“我们要在建设高度物质文明的同时，要建设高度的社会主义精神文明”[①]，“我们要建设的社会主义国家，不但要有高度的物质文明，而且要有高度的精神文明”[②]，特别是党的“十二大”报告明确指出“社会主义精神文明是社会主义的重要特征，是社会主义制度优越性的重要表现。应大力推进社会主义物质文明和精神文明的建设”。[③] 社会主义精神文明既是社会主义的重要特征，也是社会主义现代化建设的重要保证。党的“十二大”报告的有关论述，标志着社会主义物质文明和精神文明正式形成。因此，在抓好物质文明建设的同时，抓好精神文明建设至关重要。社会的进步，最终都将表现为物质文明和精神文明的发展。

“三个代表”重要思想有力地论述了物质文明和精神文明的关系。代表中国的先进生产力讲的是物质文明。因为先进生产力是创造财富、物质、知识文化的核心；反过来，先进生产力植根于人民的社会实践，植根于人类已有的文明成果。代表中国先进文化的前进方向讲的是精神文明。判断一种文化是否先进，首先要看它是否符合社会生产力的发展规律，是否适应和促进生产力的发展。在马克思主义看来，先进文化是历史尺度和道德尺度的辩证统一，是生产力标准和价值标准的辩证统一，是合规律性和合目的性的辩证统一。先进文化不

① 《邓小平文选》第2卷，人民出版社1994年版，第208页。
② 同上书，第367页。
③ 《中国共产党第十二次全国代表大会关于政治报告的决议》。

是凭空产生的，它是人类实践的产物，是在社会发展的历史长河中积累下来的宝贵财产，是人类文明进步的结晶和重要标志。它作为一种观念形态，一经形成之后，又反过来作用于物质力量，作用于人类的生产和实践，为人类社会的前进提供精神动力和智力支持。要始终代表中国最广大人民的根本利益讲的是精神文明和物质文明的根本目的。人民生活的改善就直接体现在物质需求的增加和提高，文化的高低直接影响生活的质量，文化带动物质高速发展和质量的提高对人民的生活是非常有益的。

（三）物质文明与精神文明的协调发展

物质文明与精神文明，是人类社会实践的两种相互联系的伟大成果，是社会生产和社会生活的两个密切相关的组成部分。一方面，精神文明的发展，要有一定的物质条件，经济建设搞好了，生产力发达了，就会给精神文明建设提供更充实的物质基础；另一方面，又不能简单地把精神文明看作是物质文明的派生物和附属品，精神文明有它的相对独立性。那种认为只要物质条件好了，精神文明自然而然地就会好起来，而物质条件差，精神文明就不可能搞好的观点，是不正确的，也不符合历史发展的事实。实践证明，物质文明与精神文明是紧密联系但又有各自的发展规律，彼此互为条件、互为目的。物质文明为精神文明的发展提供物质基础，物质文明越发展，就越能为精神生产提供各种变革现实对象的物质工具、物质手段，人类越能更深、更广地认识自然、社会和思维，越能发展精神文明。而精神文明为物质文明发展提供精神动力与智力支持，制约着物质文明生产过程的发展水平，决定着物质文明生产过程的社会目的和社会性质。无论从物质生产的要求还是从建设精神文明的目的来说，都要求我们必须全面地把握两个文明建设的辩证关系，使精神文明与物质文明的发展适应、协调起来。

二　物质文明、精神文明、政治文明

（一）政治文明的形成、认识与发展

中国共产党对政治文明的认识有一个由浅入深的过程。1997 年，在党的“十五大”会议上提出了“依法治国，建设社会主义民主政

治”的重要思想，阐述了我国社会主义民主的本质及我国社会主义政治制度。2001 年年初，在全国宣传部长会议上第一次明确地使用了“政治文明”，指出“法治建设，属于政治文明”，提出了社会主义政治文明建设的要求。从此，物质文明、精神文明和政治文明才初现端倪。2002 年 5 月 31 日，在中央党校省部级干部进修班毕业典礼上，中国共产党正式把政治文明与物质文明、精神文明并列，确定为社会主义建设的重要目标。2002 年 11 月 8 日提出发展社会主义民主政治，建设社会主义政治文明。[①] 这是中国共产党领导人民坚持和发展人民民主长期实践的必然结论，也是党的文明观在新时期的新概括。建设政治文明是马克思主义文明观在中国的创新，建设政治文明开拓了马克思主义文明观的新境界。

（二）物质文明、精神文明、政治文明的协调发展

“三个文明”有机联系、不可分割，共同作用于中国特色社会主义建设。一个社会包括人与自然的关系、人与人的关系、人与社会的关系，人们对这种关系的实践，形成了三个文明即物质文明、政治文明、精神文明。物质文明、政治文明、精神文明分别标志着社会在物质生产和物质生活、政治活动和政治生活、精神生产和精神生活这三个方面的进步程度。它们作为人类社会文明的基本构成，存在密不可分的内在联系。物质文明的发展为政治文明和精神文明提供物质基础，没有物质基础，何谈精神文明和政治文明。政治文明，可以保证物质文明建设在正确的政治方向和安定团结的政治环境中进行，又能为精神文明建设提供基本的政治方向。而精神文明为其他两个文明的发展提供精神动力、智力支持和先进文化。因此，社会主义的物质文明、政治文明和精神文明互为条件、互为目的、相辅相成，构成了社会主义文明体系。

三　物质文明、精神文明、政治文明、生态文明

（一）生态文明的提出

党的“十七大”报告中首次明确提出建设“生态文明”，这是中

---

① 《全面建设小康社会，开创中国特色社会主义事业新局面》，2002 年 11 月 8 日。

国共产党从党的“十二大”到“十六大”，坚持物质文明、精神文明“两手抓”，大力发展社会主义政治文明后，对中国特色社会主义发展规律认识得到了进一步的提高和升华。同时，就人类文明发展的形态而言，它突破了局部的社会经济文化现象。它对于当前中国共产党生态文明建设的目标、任务、要求和措施，也进行了初步的探讨。生态文明的提出表明，形成了物质文明、精神文明、政治文明和生态文明协调发展的文明体系。生态文明是人与自然关系的一种和谐状态。没有良好的生态环境，人的全面发展、和谐社会的建设不可追求。生态文明建设的过程，就是实现经济发展与资源、环境相协调以及由此而建立起的人与生态环境和谐发展关系的过程。

（二）物质文明、精神文明、政治文明、生态文明的协调发展

物质文明、精神文明、政治文明与生态文明共同构成文明系统整体，四大文明和谐协调统一发展，相互促进和制约。其中，物质文明为其他文明建设提供了坚实的物质基础。物质文明的发展水平，制约着其他文明的发展水平。人类一切的生态行为，是生产力发展到一定水平，物质文明发展到一定程度的产物，是人类对自然认识过程中一定阶段的表现。精神文明为其他建设提供精神动力和智力支持。对物质文明、政治文明和生态文明具有重大的反作用。精神文明能促进物质文明和政治文明的发展，精神文明能有效提高生态文明的程度。政治文明为物质文明、精神文明和生态文明建设提供政治动力和政治保障；是连接物质文明、精神文明和生态文明的桥梁。社会主义政治文明确保物质文明、精神文明、生态文明建设沿着为最广大人民利益服务的方向发展，确保最广大人民享受社会文明成果。生态文明为其他文明水平的持续提高提供了可靠的保障；有健康的生态文明，才有健康的物质文明、精神文明、政治文明，非文明的物质、精神、政治等行为的过错会给生态环境造成严重的破坏，带来巨大的损失。物质文明、精神文明和政治文明离不开生态文明，没有良好的生态环境，人不可能有高度的物质文明、精神文明和政治文明；没有生态安全，社会就会陷入不可逆转的生存危机。四个文明共同发展、协调发展，是中国共产党科学发展理念的再一次升华，对和谐社会的建设发挥着不

可估量的作用。

第二节　提出建设生态文明的历史与时代背景

生态文明建设是中国共产党在科学判断中国发展的历史基础与时代背景下提出的，这一先进理念，指明了中国社会发展的方向。下面本书将从国际背景和国内环境下考察生态文明建设的历史与时代背景。

一　国际背景

（一）国外生态思想的科学借鉴

1. 西方马克思主义者的生态思想

从早期的西方马克思主义创始人卢卡奇关于人与自然关系，到法兰克福学派关于马克思自然观的解读，再到生态学马克思主义生态危机理论。通过梳理这些理论，将对中国共产党生态文明建设提供科学借鉴。

卢卡奇考察了人和自然关系在历史进程中的演变：在封建社会，社会的自然力量还没有成为统治的力量，人的社会关系主要是自然关系，自然关系占据优势，支配着人的社会存在。而到了资本主义社会，社会历史创造的因素占据着优势。在其间漫长的过程中，自然的界限逐步退缩，自然越来越融入历史之中。自然是一个社会的范畴，既然自然是社会历史范畴，那么，存在的总体就是社会存在，根本没有自然自身的独立自在地位。这里，自然完全从属于人类历史。它实际上不是以单纯的自然因素解释历史，而是将主体与客体、人与自然的全部社会运动作为历史的基础，突出了人类物质存在活动的实践性、社会性。在这个意义上，卢卡奇关于人与自然关系的理论接近于马克思的自然观，但卢卡奇认为人与自然的辩证关系，人是主导关系，没有看到自然的辩证法，此外，卢卡奇没有科学地理解实践，没有阐述劳动在人与自然中的作用。

法兰克福学派对马克思的自然观进行了全面的阐述，明确指出马克思人与自然的统一是一种具体的历史的实践统一，是随着社会历史的变化而变化，这基本上符合马克思的本意；承认自然是一切唯物主义的基本前提，但也非常强调人类历史对于自然的积极作用；强调在实践的基础上自然与社会互为中介。但法兰克福学派关于科技与生态危机理论对我国建设生态文明具有借鉴意义。科技使自然异化：科技是先进的生产力，创造了人类文明，改变了人对自然的从属关系，但每次技术变革都带来了物质资源的毁灭性后果。科技使人性异化：随着科技的进步，人对自然征服的力量大大增强了，但这种征服最终是以人对人的统治为代价的。解决生态危机的途径在于实现人的自由解放，人解放了自然才能解放，异化才能被克服。但是，法兰克福学派没有认识到生态危机的根源正是资本主义制度。

美国著名的生态学马克思主义理论家约翰·贝拉米·福斯特（John Bellamy Foster，以下简称福斯特）通过对生态危机的全面而深刻的分析，揭示出现代生态危机的根源在于资本主义制度，解决生态危机的关键在于实现社会制度的变革和生态革命。福斯特的生态学马克思主义观主要体现在《生态危机与资本主义》一书中，该书主要是对1992—2001年资本主义制度下应对环境危机的主流经济措施进行的一系列批判。福斯特对资本主义的生态学批判是深刻的，他对生态危机的认识和建立生态可持续的社会主义的思考，对我们建设“两型”社会，加强生态文明建设都具有启迪意义。

其一，生态问题既是自然现实，更是社会现实。在“生态学马克思主义者”看来，人与自然的关系问题与人与人的关系问题紧密相连。“虽然我们的社会制度、人与人之间的关系与生态文明不像资本主义社会那样存在严重的对抗，但不等于说人与人之间的关系与生态文明是完全协调一致的。我们应该从技术、制度、人际关系等多方面入手来解决生态问题。既然人与人的关系和人与自然的关系相互制约，我们应通过不断深化改革，理顺人与人的关系，从社会生态的和谐走上自然生态的和谐。”① 这就是说，只有从社会问题入手，才能真

① 陈学明：《论研究“西方马克思主义”在当代中国的意义》，《马克思主义哲学研究》2004年第1期。

正解决自然生态问题。

其二，建设生态文明是中国特色社会主义的必由之路。在“生态学马克思主义者”看来，社会发展与生态文明有内在的联系，走向社会主义是解决生态问题的唯一选择。他们所说的生态社会主义强调的是生态学原则与社会主义原则的结合。生态文明是中国特色社会主义的内在要求和题中应有之义。生态文明和中国特色的社会主义从根本上是一致的，只要我们充分发挥社会主义制度的优势，建设生态文明所面临的困难和问题就一定能克服。因此，建设生态文明是中国特色社会主义的必然选择。

其三，要在全社会树立生态文明的理性观念。在“生态学马克思主义者”看来，当代资本主义的发展形成了一个物质丰富、精神匮乏的病态社会。在这个社会里，人成为物的奴隶，人的需要和本能受到摧残和压抑。因此，需要一场新的文化革命，创造出一场全新的文化和生活方式。“生态学马克思主义”为我国建设生态文明，走可持续发展道路，建设中国特色的社会主义，提供了深刻的启示。

2. 生态伦理思想

生态伦理学的基本思想是人对自然的关爱。生态伦理学试图在人类根深蒂固的价值与伦理观念中来一场新的启蒙，把权利和义务关系赋予非人类的物种、自然物和整个生态系统。在它看来，人与自然伦理关系的确定有助于结束人与自然数百年的敌对状态。它还试图用道德来约束人对自然的行为，表面看只是伦理的边界扩大，但实质上蕴含着一场观念上的革命。

刘福森指出：“自然界（或生态、生命）的‘内在价值’概念，是自然主义生态伦理观的一个核心概念。对自然界的内在价值的确认，是自然主义生态伦理观的价值论基础。”① 这种观点认为，自然之物的价值不是由人类赋予的，而是它们的存在所固有的。而“动物解放和权利论”“生物中心论”“生态中心论”等派别，则普遍认同把

① 刘福森：《自然中心主义生态伦理观的理论困境》，《中国社会科学》1997 年第 3 期。

道德对象的范围从人与人的领域扩大到人与自然的领域，把道德共同体的范围从人类扩大到人与自然系统的观点，只是他们外扩的范围有所不同：有的扩到动物界、有的扩到生物界、有的则扩到整个地球。显然，这些理论几乎都可视为后现代主义思想的具体演绎。

这种新的伦理思想在西方的环境运动中赢得了良好的声誉，有的理论甚至成为一些生态运动组织的指导思想和行动原则。作为一种面向未来的伦理思想，生态伦理学尽管目前尚未成为伦理学领域的主流，但却受到越来越多的关注。随着其理论的日益完善和生态环境运动由浅层向深层的发展，生态伦理学已经为公众所普遍接受并成为社会的主流伦理范式。认真研究这些合理思想，对于落实“全面、协调、可持续”的科学发展观、构建社会主义和谐社会具有重要的现实意义和深远的历史意义，对科学生态伦理学的构建也具有重要的启发意义。

在人类步入高新技术时代之际，环境问题日益成为突出的全球问题，严重威胁着整个人类的生态与社会的持续发展。其根本原因是，人们没有正确地处理人与自然的关系，建立在以科学技术控制征服自然基础上的价值观及过度消费的生产方式、生活方式。因此，我们应树立正确的、科学的生态伦理观，要把自然生态规律作为首要规律，作为其他一切价值观和伦理观的基础和前提。

（二）西方关于环境与发展的关系

在20世纪70年代初，D. L. 米都斯教授关于“人类困境”的研究中，人口增长需要新的农业发展，从而耗费的化肥和农药也随之增多。这样就会导致污染的加重，而且在人们生活中又要耗费更多的非再生资源。环境污染和自然资源的枯竭又影响着人类的生存和自身的发展。所以，从这种循环反映体系就决定了增长的限度。如果不加控制如此循环下去，世界就会遭到灭绝性的破坏。[①] 虽然他们的研究指出了人类、自然资源和环境发展及其对未来的影响，但有自身缺陷，

---

① D. L. 米都斯：《增长的极限——罗马俱乐部关于人类困境的报告》，李宝恒译，吉林人民出版社1997年版。

因为他们没有考虑科学技术进步与社会人性因素在发展中的作用。

20世纪80年代以来，全球环境与发展问题的讨论日益激烈，新的思想不断出现，逐步提出了可持续发展观。可持续发展是改善生活质量、提高效益、节约能源、实施清洁生产和文明消费，保护生态环境，减少环境污染，减少生态破坏，保持生态系统的完整性。环境与发展是可持续发展战略的关键。环境是发展的一个重要组成要素，且与发展是密不可分的。传统发展观以“高投入、高消耗、高污染”为特征，注重投入、忽视技术创新和管理创新，忽视环境和资源的承载能力，其结果是环境与发展的矛盾越来越突出。可持续发展观要求转变传统发展观念，不再把环境与发展割裂开来，不再走“先污染、后治理”的老路子，而要从源头上治理环境。

（三）全球性生态危机治理的需求

全球性生态危机呈现出范围广、影响大、程度高等特征。我们必须在全球范围内考虑中国生态保护与治理，中国参与全球生态运动，以及国家间的生态合作等问题，这样才能正确认识生态危机，是生态文明建设的时代背景。

在工业文明时代占据支配地位的是主客二分的机械自然观，在其影响下，所导致的直接后果就是现在日益严重的环境问题和生态危机。20世纪70年代以来，世界生态环境进一步恶化，向人类提出了前所未有的挑战。根据国际环境与发展研究所和世界资源研究所发布的《1987年世界资源报告》，全球生态环境的恶化主要表现在以下几个方面：

第一，土地资源逐年衰竭。20世纪70年代以来，化肥和农药的过度使用，工业排放物的增加，严重破坏了人类赖以生存的土地资源。目前，全世界每年损失耕地2100万公顷；每年土地沙漠化约600万公顷，受沙漠化影响的国家多达100个。

第二，森林生态系统遭到破坏，物种数量迅速减少。根据世界观察研究部门的研究报告，地球上森林的总面积已从1万年前的62亿公顷减少到现在的28亿公顷。目前，世界上平均每年有1800万公顷的森林消失。从20世纪60年代到90年代的30年中，40%的热带雨林已被毁灭。如果任由这种趋势继续发展下去，170 年后，全世界的森林将毁灭殆尽。在过去 2.5 亿年中，重要的物种灭绝事件大约每隔 2600 万年发生 1 次。然而，工业革命以来的近 200 年中，伴随着人口膨胀和经济快速发展，野生动植物的种类和数量以惊人的速度在减少。据科学家估计，由于人类活动的干扰，近代物种的丧失速度比自然灭绝速度快 1000 倍，比形成速度快 100 万倍，平均每天有 140 个物种灭绝。

第三，水资源日趋紧张。目前，世界上有 60% 的地区面临淡水不足的困境，80 多个国家的淡水资源严重匮乏。据预测，到 2030 年，全球大约有 2/3 人口缺水[①]；另外，每年又有成千上万吨的废油、污水、有毒废物被排入江海湖泊。现在全世界每年排放污水约 4260 亿吨，造成 55000 亿立方米的水体受到污染，约占全球径流量的 14% 以上。

第四，环境污染严重。根据联合国《1996—1997 年度资源报告》预测，到 2020 年，全球能源消耗将增加 50%—100%，二氧化碳等温室气体排放量将增加 45%—90%。据统计，在未来 100 年中，全球气温可能再升高 1—3.5℃，地球变暖将使海平面不断上升，20 世纪海平面已上升了 25 厘米，据联合国政府气候变化问题研究小组预测，到 2010 年海平面还将上升 60 厘米。这将意味着美国将有 2.5 万平方公里的土地被水淹没，那些处于大洋中的由珊瑚岛组成的岛屿国家，将不复存在。二氧化硫的排放加重了酸雨蔓延。受到酸雨危害的地区，会出现土壤和湖泊酸化，植被和生态系统遭到破坏，建筑材料、金属结构和文物被腐蚀等一系列严重的环境问题。垃圾困局难以解决，由垃圾污染导致的疾病日益严重，造成了一场席卷全球的生态危机。“按照现在世界人口估算，每人每年产生 300 公斤垃圾，60 年的垃圾总量如果全部堆放在赤道圈上，可堆成高 5—10 米、宽 1 公里的巨大垃圾墙。这就等于在整个地壳的岩石圈和水圈外又镶上了一个垃

① 陈宗兴、刘燕华：《循环经济面面观》，辽宁科学技术出版社 2007 年版，第 41—42 页。

圾圈，它已经开始围困着全球的陆地和海洋，污染着全球的环境。"①

第五，由科技带来的生态灾难日趋严重。SARS危机、核危机等发生频率增大，危害严重，影响范围广、时间长。比如，1986年4月26日苏联切尔诺贝利核电站第四号反应堆发生爆炸的核污染事件，就造成31人当场死亡，273人受到放射性伤害，13万居民紧急疏散。据乌克兰估计，这场灾难的强度相当于广岛原子弹的500倍。事故产生的放射性尘埃随风飘散，使欧洲许多国家受害，估计受害人数不少于30万人。跟踪调查表明，此后十多年，又有5000多人因受核辐射患病死亡，其中60%是受害者因无法忍受核辐射的痛苦而自杀的。另外，还有3万多人落下了终身的残疾。可见，当前环境危机的高技术化特征真可谓触目惊心！由2011年日本地震导致的核危机的影响还无法估计。

这些全球性的生态危机，不是一个国家或者一个区域就能治理的。中国需要冲破国家、民族界限，与全人类共同应对危机的发生。地球生物圈是全人类赖以生存和发展的共同体，因此生态环境问题是一个超越国界、民族、文化和宗教及社会制度的全球性问题。任何一个国家无论他多么强大，都无力单独解决任何一个全球问题。人类生存与发展的共同利益要求国际社会在全球问题的挑战面前同舟共济，建立新的全球伙伴关系，即各国政府、国际组织、世界科学界、文化界、经济界和企业界以及各族人民，要在真正平等相待的基础上，共同探讨、设计出总体的、战略性的解决方案，并通力合作，尽快使这些方案和措施付诸行动。这也是中国建设生态文明中必须考虑的现实诉求。

二 国内背景

中国共产党生态文明理论是随着探索社会主义发展规律的不断深入，逐步形成和发展起来的。它是建立在中国社会主义实践的基础之上，是在中国共产党不断调节人与生态环境、经济建设与文明建设的关系基础上发展起来的，生态文明建设是中国共产党关于物质文明、

---

① 《垃圾困局 一场席卷全球的生态危机》，《南方都市报》2010年1月17日。

精神文明、政治文明理念的第三次升华。

（一）中国共产党生态文明建设的过程分析

中国在发展过程中，生态环境对社会发展的制约也越来越明显。生态环境的保护与治理成为落实科学发展观的基础。建设生态文明已成为中国社会进一步持续发展的必然。

新中国成立后的20年里，由于工业化发展正处于起步阶段，对生态环境的污染影响较轻，生态保护的思想只体现在局部领域，如绿化荒山、植树造林、防洪减灾等方面。毛泽东要求基本上消灭荒地荒山，实行绿化。[①] 毛泽东又提出要植树造林绿化祖国，要重视森林保护、要重视水土保持等环境保护的号召。[②] 进入20世纪70年代，特别是工业化发展加快，环境污染问题逐渐加重。1974年国务院正式成立了环境保护领导小组，该小组接连三年分别下发了《关于环境保护的10年规划意见》《环境保护规划要点》《关于编制环境保护长远规划的通知》，在全国范围内开展“三废”治理和综合利用工作。

改革开放后，中国经济得到了快速发展，人民生活水平也得到了较大的提高，但出现了经济发展速度、人口结构、资源环境恶化等问题，要使中国经济得到健康的发展、人民生活水平进一步改善，我们需要保护环境，协调人口、资源与环境的关系。

在中国经济快速发展和人民生活水平提高的同时，人口过多、资源短缺、环境恶化问题突出，邓小平把生态环境建设与经济建设提到同等重要的高度对待。资源的保护从制度入手，先后制定、颁布、实施了《草原法》《森林法》《水法》《环境保护法》等。关于生态保护问题，国务院要求坚决停止建设布局不合理，资源浪费大，环境污染严重的项目，必须把环境保护等内容加入国民经济和社会发展计划中，努力实现经济、人口与资源环境的协调发展。

进入20世纪90年代后，中国共产党在以前环境保护的基础上提

---

① 中共中央文献研究室、国家林业局：《毛泽东论林业》，中央文献出版社2003年版，第51、262页。

② 孟浪：《环境保护事典》，湖南大学出版社1999年版，第531页。

出了实施可持续发展战略，生态文明的思想初现端倪。1992 年《中华人民共和国环境和发展报告》中阐述了中国关于可持续发展的观点。1994 年的《中国 21 世纪议程——中国 21 世纪人口、环境与发展白皮书》的报告中，确立了中国 21 世纪可持续发展的总体战略框架与主要目标。1995 年第一次正式使用“可持续发展”概念。1996 年第八届全国人民代表大会第四次会议，明确提出要加强环境、生态保护，合理开发利用环境。经过不断的探索实践，逐渐形成了人与环境、经济协调发展的可持续发展战略思想。

可持续发展就是把经济社会发展与人口、生态环境统筹考虑，不仅要安排好当前的发展，还要为后代着想，为未来的发展创造更好的条件，绝不能走浪费资源和“先污染、后治理”的路子。[①] 西部大开发战略明确指出：西部地区资源丰富，坚持资源环境的合理利用，要把资源优势转变为经济优势。避免走“先破坏、后恢复，先污染、后治理”的老路。要有计划、有步骤、因地制宜地实施退耕还林还草，要把脱贫致富和经济发展紧密结合。退耕还林，是落实可持续发展战略，加强生态环境建设的一项重大战略部署。1999 年在全国范围内实施了退耕还林试点工作。之后，一系列的制度出现，如《关于进一步完善退耕还林政策措施的若干意见》《关于进一步做好退耕还林还草试点工作的若干意见》《关于完善退耕还林政策的通知》《退耕还林条例》等都对生态文明建设产生了巨大推动作用。

党的“十六大”以来，以胡锦涛为总书记的党中央在带领全国人民全面建设小康社会的实践中，吸取以往历届党中央领导集体关于生态保护与治理的成功经验，紧密联系中国经济社会发展实际情况，提出了实践科学发展观、构筑社会主义和谐社会、建设生态文明等思想理论，将中国生态文明建设的理论和实践推向了新的高度。

在党的十六届三中全会上，中国共产党提出了坚持以人为本，树立全面、协调、可持续的科学发展观的思想。科学发展观通过分析当前中国社会在发展中存在的主要矛盾，提出了“五个统筹”的发展战

① 《江泽民文选》第 1 卷，人民出版社 2006 年版，第 532—533 页。

略。要求贯彻落实科学发展观，必须把握“发展”这第一要义、“以人为本”这一核心、“全面协调可持续”的基本要求和“统筹兼顾”的根本方法。对推动科学发展的原则、主要任务和措施作了具体安排。它不仅是对生态文明思想的丰富和发展，也体现了中国共产党对社会主义建设指导思想的新发展。在党的十六届四中全会上，以胡锦涛为总书记的中央领导集体提出了“构建社会主义和谐社会”的命题。这是中国共产党对生态文明理论的新发展。人与自然和谐相处，就是生产发展，生活富裕，生态良好。在构建社会主义和谐社会的进程中，一定要统筹人与自然和谐发展，处理好经济建设、人口增长与资源利用、生态环境保护的关系，推动整个社会走上生活富裕、生态良好的文明发展道路。社会主义和谐社会的理论构建，进一步丰富和发展了中国共产党生态文明理论。

（二）生态文明建设的现实状况

中国生态保护与治理建设既取得了显著成绩，也存在许多问题。要推动生态文明建设，还需要我们全面地分析我国生态文明建设的现实情况。

1. 生态意识有所增强，但与生态文明建设的要求仍有较大差距

中国进行社会主义建设的过程，也是生态文明意识形成、发展、完善的过程。总的来讲，我国在生态意识方面有了很大的进步。各级政府都开始重视生态环境保护工作，把生态保护与治理作为经济和社会发展的基础，意识到传统经济增长方式的危害，开始转向追求经济与生态环境协调发展；广大人民群众的环境保护意识也有所增强，保护生态环境的思想认识开始深入人心。但是，这些意识大多只是停留在生态环境保护与治理的层面，甚至还处于更低的层次，与生态文明建设要求还有较大差距。

首先，生态意识尚未普遍建立。西部地区人口教育比较落后，还有一部分人没有全面认识生态环境恶化、破坏的严重后果，甚至连起码的环境保护知识也不具备。如农民焚烧小麦秸秆的现象，生活垃圾不能分类处理，污水乱排，高污染、高消耗，只追求享受而不注意节约资源的行为等都普遍存在。在中国还有一部分人为了方便、为了小

利，认为自己的环境污染行为并不是多大的事情，但从全局来看，环境污染就比较严重了。此外，传统的道德还不能有效约束部分人的环境污染与生态破坏行为。因此，要全面建立与生态文明相适应的生态意识，这条路还需继续探索。

其次，生态责任意识尚未得到真正的落实。生态文明建设是否能够取得进展，生态保护能否有效，关键是生态保护的主体：政府、企业、个人能否真正具有生态责任意识。这种生态责任意识，既建立在道德约束的基础之上，又建立在法律法规健全完善和认真执行落实的基础之上。在国家层面上，虽然已充分认识到了生态保护的重要性，提出了环境保护的基本国策，确立了可持续发展的战略思想。但从地方政府层面上，还有不少地区以传统发展观为主，只追求经济增长，不考虑或很少考虑环境问题。从企业个体层面上讲，生态责任意识不强，只追求自身的经济效益，而不注重社会责任，特别是生态责任，没有主动地采取措施承担起企业自身应承担的治污减排等责任。另外，由于法律制度不完善，执法不力，社会监督效力较小，使企业铤而走险，环境污染现象时有发生。就个人来说，目前，人们更多的只是把生态环境保护看成是道德约束的范畴，在人们素质、经济发展还处于较低水平，多数人还不能把保护生态环境作为义不容辞的责任，需要一段较长的时间才能提高人们的生态责任。

2. 中国的生态危机日益严重

随着中国经济体制改革的深化，传统经济发展模式弊端呈现出来，生态恶化、环境污染，这进一步制约了经济社会的发展。目前，我们所面临的生态问题主要有：一是水资源过度开采，破坏严重，全国500多个城市中有300多个缺水，有40多个最为严重，上海、天津、江苏、陕西、浙江等城市地面出现下沉问题。其中部分地区水资源越来越短缺，遭受严重的经济损失。华北、西北等地区严重缺水，每年造成近千亿元的工业产值损失，250万亩粮食减产。一些流域污染严重，全国七大水系中近一半河段遭受污染，淮河、辽河、松花江污染严重，86%的城市河段水质超标，此外由于水污染造成的疾病不断发生且越来越严重。二是西部地区生态环境脆弱，长期的破坏加剧了严重性。由于开荒、采矿、修路等多种人为因素，致使水土流失严重，土地沙漠化、石漠化、荒漠化扩大，造成的直接经济损失达500多亿元人民币。目前，中国水土流失面积已达179万平方公里。三是高能耗、低效率的工业结构使环境污染严重。如空气污染造成了严重的酸雨和烟雾污染。北京、上海、广州、沈阳、西安5个城市检测表明，5个城市的空气总悬浮颗粒物年日均浓度是200—550kg/m^3，超过世界标准十几倍，酸雨造成每年的经济损失已达140亿元。四是环境的污染、生态的破坏已严重影响到人民的生命健康，危及人民生存，并加重了贫困，吞噬了经济增长成果，反过来人们为了生存，摆脱贫困，致使生态破坏、环境污染更严重。我国多达3亿人每天饮用污染的水，1.9亿人患上由水污染引起的疾病。

3. 传统的经济发展方式未实现根本性转变

经过多年努力，中国的经济发展方式取得了明显进步，但是由于受经济发展阶段的制约，依靠增加物质资源消耗向主要依靠科技进步、管理创新转变的经济发展方式还没有取得根本性突破。缺乏自主创新，缺乏绿色技术，循环经济还在较低水平上运行，消耗高、污染多的行业和企业所占比重较高。资源利用率低下必然导致污染严重，由于技术落后，缺乏高新技术研发的配套能力和支撑，经济的快速发展只能是依靠提高物质消耗来实现。此外，中国现有的经济发展方式也是不平衡的，发达地区已经充分认识到外延式、粗放型发展模式的“瓶颈”，开始依靠科技进步、人力资本促进经济增长，并发展低碳经济，注重环境保护与治理。但西部地区为了加速经济增长，很多地区还没有认识到此情况。如在产业转移中，重复引进高能耗、高污染、低附加值的产业。因此，要走出传统的发展模式，必须要依靠科技进步和劳动者素质的提高，同时必须协调好各地区的经济发展方式，避免西部地区重走“先污染、后治理”的道路。

4. 生态法律体系尚未形成

生态法律制度的健全完善程度，在一些方面也反映出生态环境保护和建设水平，体现着人与自然环境和谐关系的程度。目前，中国已制定了《环境保护法》《大气污染防治法》《水污染防治法》《海洋环境保护法》《固体废物污染环境防治法》《森林法》《草原法》《农业法》《土地管理法》等24部环境保护和资源保护法律。国务院制定了《建设项目环境保护管理条例》《排污费征收使用管理条例》等97部环境保护内容的行政法规和法规性文件。中国还加入或签署了《生物多样性公约》《臭氧层保护维也纳公约》《联合国气候变化框架公约》《联合国防治荒漠化公约》等57个主要的国际环境条约、公约或协定。虽然中国在生态法律制度方面取得了显著成就，但是还存在法律体系不健全、法律制度落实力度不够等问题。

中国的生态法律多是以部门法为主，造成了法律体系的分离与隔开，不同法律制度之间缺乏必要的协调性，导致一些法律不能有效落实。在出现污染等方面问题时，有时是多个部门一起管，有时是一个部门也不管，反而法律成了摆设。生态环境保护的执法行政主体各自为政，没有形成执法管理的强大合力。生态环境保护涉及面广，涵盖环境保护、污染治理、资源开发、国土利用等多个领域，需要进行协调一致的监督管理，但是目前存在“林管林”“土管土”“水管水”等各自为政的行政执法格局，由于存在部门利益，执法过程中出现有利益都争夺、无利益就推诿的问题，极大地阻碍了生态环境保护事业的发展。

5. 行政干预过度

政府尚未全面建立以市场政策为主导的生态保护与治理机制。建立健全的生态保护与治理监督约束机制，优化税收结构，合理确定收费标准，建立和完善环境准入、淘汰和污染许可证制度等，建立以市场为主导的生态环境治理机制，运用经济手段调节生产者和消费者行为，使企业和个人自觉地投入到生态环境治理中去。但是目前由于这一机制还没有形成，企业守法成本高于违法成本，企业社会责任缺失；另外，企业普遍的意识是生态环境保护和治理是政府的事，因此履行生态保护职责不到位，出现了企业排污、国家治理的现象，导致国家投入巨大物力、财力，而生态保护和治理却收效甚微。目前，中国的政绩考核中，虽然有人口与计划生育、环境保护的评价因素，但总体上还是以经济指标为主导。因此，某些地方当政者在经济发展与环境保护发生矛盾时，考虑经济发展的因素要多于环境保护因素，导致环境保护措施与制度形同虚设。

第三节　建设生态文明的价值与意义

建设生态文明是中国共产党发展理念的升华，不仅对中国自身发展具有重大而深远的影响，而且对维护全球生态安全具有重要意义，充分体现了我党对生态建设的高度重视和对全球生态问题高度负责的精神。

一　建设生态文明是中国特色社会主义理论体系的独创贡献

生态文明彰显出社会主义的基本价值，深化了对文明的认识，丰富了中国特色社会主义理论体系。它是对社会主义本质的又一重大发现，是中国共产党认识和实践活动的飞跃。生态文明与中国特色社会主义的基本价值相一致，如生态文明认为人的全面发展需要人与自然的和谐发展，社会的和谐需要生态文明，生态文明秉持了可持续发展观点与公平公正的价值理念。生态文明是人类文明质的提升，是人类文明史的新的里程碑。生态文明是马克思的自然观、文明观在当代中国的实际运用和创造性发展，体现了中国特色社会主义理论与时俱进的特性，丰富了社会主义理论体系，将会进一步巩固社会主义的理论基础。

二　建设生态文明是构建社会主义和谐社会的基础保障

构建社会主义和谐社会已成为全党全社会的共识。和谐社会不仅指人与人和谐，同时强调人与自然的和谐。生态文明是人与自然和谐的基础。同物质文明等其他文明相比，我国生态文明建设明显滞后，这势必会阻碍经济的发展，和谐社会的全面建设；不仅会影响当代人的发展，还会牺牲后代人的利益，从而丧失经济社会可持续发展的基础。一个和谐社会也需要构建合理与协调的政策。① 生态文明要求在政策选择和制定时，建立一种新的更为合理和科学的政策分析框架。

---

① 王世谊：《论生态文明建设的重大时代意义》，《当代世界与社会主义》2009 年第 4 期。

当今中国，尤其是某些地方性经济发展政策的制定更凸显了政策的地域局限性、不科学性，往往将本区域作为政策制定的受惠对象，而不考虑或较少考虑环境影响的广泛性。许多政策的制定只考虑到短期和当代人的利益，根本不顾及长远和未来的利益。因此我们必须对政府的运行模式和人的价值观念进行根本的改造，把人和社会融入自然，使人与自然成为一个整体，才有可能解决生态危机。所以，当地政府必须将生态文明作为制定政策的基本原则，以避免政府政策制定的偏差。当然在考虑生态文明时也要结合自己地区的实际情况，政策的制定要有差异性，要处理好保护与发展的关系、治理与量力而行的关系。

三　建设生态文明是落实科学发展观的必然要求

科学发展观把“经济发展与人口资源环境相协调，使人民在良好生态环境中生产生活”作为根本要求。建设生态文明不仅要发展经济，而且必须统筹兼顾好发展经济与保护环境，兼顾好当代人利益与后代人利益，走经济社会和人口、资源、环境相协调的可持续发展道路。只有大力建设生态文明，才能真正体现以人为本的发展宗旨。科学发展观作为一种发展思路和发展战略，而生态文明则是科学发展的体现和结果。要达到生态文明的良好发展状况，必须落实好科学发展观。科学发展观的核心是“以人为本”。“以人为本”既是社会发展的出发点，也是建设生态文明的出发点。一方面，生态文明建设过程中，人类是主体，处于主动地位。所以建设生态文明，不是人类消极地回归自然，而是积极地与自然实现和谐。当然人类既不能简单地去主宰或征服自然，也不能消极地无所作为。另一方面，生态文明关注的是人类与自然的和谐统一，协调发展，保障人类与自然界的可持续发展。因此，“以人为本”既是科学发展观的核心内容，也是生态文明建设的核心要求。也就是说，生态文明与科学发展观在本质上是一致的，都是以尊重和维护生态环境为出发点，都强调人与自然、人与人、经济与社会、社会与生态环境的协调发展，都以可持续发展为依据，以社会发展、生活富裕、生态环境良好为基本原则，以人的全面发展为最终目标。生态文明是科学发展的集中体现，生态文明的建设、生态文明的最终实现必须以科学发展观为基础。

四　建设生态文明是我国走出生态困境的必然选择

生态文明的建设有利于指导环境保护与治理的工作。改革开放以来，我国取得了举世瞩目的巨大成就，但也面临着生态退化、环境污染加重问题。我国的资源利用效率极低，每吨标准煤的产出效率只相当于日本的10.3%，欧盟的16.8%，美国的28.6%。“十一五”期间，二氧化硫排放量比2000年增加了27.8%。46%的城市空气质量达不到二级标准，灰霾天数有所增加，酸雨污染程度更是加重。这些都充分说明，解决环境污染问题已经成为我国实现可持续发展战略中关键性的难题。按照生态文明理念转变经济发展方式，调整优化产业结构，发展循环产业、生态产业，切实加强生态保护与治理，才能推进中国特色社会主义伟大事业开创新局面。同时，生态保护与治理需要全世界人们的参与，我国也不例外，这将使我国尽快走出生态困境。中国作为最大的发展中国家，如果率先跨入生态文明社会，不但会使我国的经济、社会、生态、环境、民生面貌为之一新，而且也会大大地加快全球生态文明建设进程。届时，全球将有1/3以上的人口走上生态文明之路。同时，中国的成功，将为其他发展中国家如何建设生态文明提供可资借鉴的经验。

五　建设生态文明有利于构建正确的价值观

建设生态文明必将促进我国生态道德文化素质的提高，构建正确的价值观。近年来，我国环境恶化迟迟不能根本好转，这与生态道德价值观的扭曲有直接的关系。我国城乡人民的生态意识、环境保护观念虽然日益增强，参与生态环境保护与治理的积极性明显提高，但生态道德文化尚未普遍植根于人民大众。政府官员的环境保护意识薄弱，加大环境保护力度会影响经济增长。此外，生态道德价值观的扭曲还表现在消费生活领域中，人们追求奢华、过度消费甚至挥霍浪费的生活方式。因此，强化生态道德文化教育，激发人们的社会责任感和自我认识，是最为迫切、重要的。

第二章　生态文明与生态文明观

第一节　文明与生态文明

一　什么是文明

“文明”一词源远流长，被古今中外的人们广泛使用。人们对这个范畴的界定较为丰富，同时也意味着存在较大的差异。因此，有必要对“文明”范畴作进一步的考察和界定。

“文明”的出现大约有2000多年的历史。据涂大杭的考证[①]，在我国，“文明”最早出现在《尚书》和《周易》。《尚书·舜典》中“浚哲文明”的基本含义是立了规矩，摆脱了黑暗。《周易》中“见龙在田，天下文明”，其含义是文采光明，文德辉耀。随着社会的发展，文明不断被赋予新的含义。唐代的孔颖达指出：“天下文明者，阳气在田，始生万物。”这就把文明与教育相联系，通过教育实现社会的光明美好；“文明”在清代发展为具有了美好的社会进步状态的意义。康有为也有“三代文明，皆籍孔子发扬之，实则蒙昧也”的观点。

后来，梁启超指出：“从前是贵族的文明，如今却是群众的自发文明。当今的文明，是靠全社会的一般个人创造出来的。拿西洋的文明来扩充我的文明，又拿我的文明去辅助西洋的文明，组成一种新文

① 涂大杭：《精神文明概论》，厦门大学出版社2002年版，第1—2页。

明”。[①] 陈独秀在《法兰西与近世文明》中指出：“文明云者，异于蒙昧未开化之称也”。[②] 孙中山提出了“心性文明”的观念，并有了“心性文明”与物质文明相协调的思想。他说：“物质文明与心性文明相待，而后能进步。中国近代物质文明不进步，因之心性文明之进步亦为之稽迟。”[③]

文明的定义主要有以下几种：

《新编名扬百科大词典》《中文大词典》《简明人类文化学词典》均对文明进行了解释[④]，其基本含义是：文明与野蛮相对，是人类社会开化之状态；文明是人类社会发展到较高阶段并具有较高文化的状态；它在一定社会生产方式的基础上产生，随着社会文化的进步而不断发展。

张广智、张广勇指出：“文明”主要有三种含义：一是泛指人类社会的发展史。二是指与社会经济结构相吻合的一个范畴。三是指地区性文明，如“中华文明”、“古埃及文明”等。[⑤] 王缉思认为，文明有两种基本含义：文明是野蛮的对立面，是人类社会发展程度较高的形态；文明是群体的文化遗产、精神财富和物质财富的总和。[⑥] 涂大杭认为，文明的含义至少有两个方面：一是人类改造世界的积极成果；二是表现为人类的丰富发展和社会的进步状态。[⑦] 还有，虞崇胜认为，文明就是人类社会生活的进步状态。文明既是人类社会创造的一切进步成果，也是人类社会不断进化的过程。[⑧] 从以上含义可以看

① 梁启超：《梁任公近著》，商务印书馆 1932 年版，第 29—30、68 页。

② 《独秀文存》，安徽人民出版社 1987 年版，第 10 页。

③ 《孙中山选集》，人民出版社 1981 年版，第 139—140 页。

④ 梁实秋：《新编名扬百科大词典》中册，名扬出版社 1985 年版，第 2268—2269 页；中华大词典编纂委员会编纂：《中文大词典》第 15 册，中国文化学院出版社 1966 年版，第 129 页；陈国强：《简明人类文化学词典》，浙江人民出版社 1990 年版，第 97 页。

⑤ 张广智、张广勇：《史学、文化中的文化——文化视野中的西方史学》，浙江人民出版社 1990 年版，第 8 页。

⑥ 王缉思：《文明与国际政治——中国学者评亨廷顿的文明冲突论》，上海人民出版社 1995 年版，第 19 页。

⑦ 涂大杭：《精神文明概论》，厦门大学出版社 2002 年版，第 21 页。

⑧ 虞崇胜：《政治文明论》，武汉大学出版社 2003 年版，第 51 页。

出，文明是一个相对的词，是摆脱野蛮状态而逐步前进的东西。所以“文明”这个词是表示人类交际活动逐渐改进的意思。

在西方，“文明”一词来自拉丁文“Civits”，其本义是公民的道德品质和社会生活规则。到近代，西方才开始对文明进行系统研究。1651年的托马斯·霍布斯，1871年的英国人类学家E. B. 泰勒，以及美国的LEWIS H. 摩尔等学者均认为文明是人类发展和社会发展的一种高级状态的重要观点。到了20世纪，文明才逐步成为一个被广泛使用的范畴。

西方对文明的定义主要是：《朗文当代英语辞典》的解释为文明是人类社会发展的高级阶段，即拥有高水平的艺术、宗教、科学、管理、写作语言等的阶段；特定时间和地点的先进社会的类型；舒适的现代社会；文明的行为。[①] 英国《国际社会学百科全书》的解释是：文明可以仅仅指相对于其相反状态的某些已确定的社会秩序，如文明与野蛮；也可把文明有限制地用于一特定社会类型或历史时代，如“工业文明”或“希腊文明”。[②] 在此种意义上，“文明”一词与文化概念可以交叉使用，主要区别在于：文明强调社会政治结构和历史过程。

美国的威尔·杜伦认为：“文明是社会秩序，文明促进文化创造，文明包括四个要素：经济支持、政治组织、道德传统以及知识和艺术的追求。”[③] 法国的奥古斯特·孔德认为：“文明既指人类理性的发展，又指由此而来的人们对自然的影响的发展。”[④] 英国的阿诺德·J. 汤因比认为：“文明是整体，它们的局部彼此相依为命，而且都发生相互牵制作用……这个整体中，经济的、政治的和文化等因素都保持

---

① 《朗文当代英语辞典》，外语教学与研究出版社1997年版，第230页。

② 迈克尔·曼：《国际社会学百科全书》，袁亚愚等译，四川人民出版社1989年版，第77页。

③ 威尔·杜伦：《东方的文明（上）》，李一平等译，青海人民出版社1998年版，第3页。

④ 《圣西门选集》第2卷，董果良译，商务印书馆1982年版，第170—171页。

着一种非常美好的平衡关系。"① 美国的阿尔温·托夫勒认为："文明并没有囊括技术、家庭、宗教、文化、政治、领导、价值和认识论等完全不同的事物。"② 美国的塞缪尔·亨廷顿指出："文明涉及一个民族全面的生活方式"，"文明是人们文化认同的最广范围。"③

根据以上分析，本书对文明作如下理解：文明是一个历史范畴，是人类社会的进步状态，是整个社会文明，是行为、过程和结果的有机统一。这个定义基本含义包括：

第一，文明是一个历史范畴，是在一定历史条件下产生的，它随着历史的发展而不断进步。具体的文明会在历史的发展中被淘汰。

第二，文明是人类社会的进步状态。

第三，文明是整个社会文明。社会发展是有规律的，整个社会文明应该遵循社会发展规律。文明也有自身的发展规律。马克思在《哲学的贫困》中曾指出："当文明一开始的时候，生产就开始建立在级别、等级和阶级的对抗上。没有对抗就没有进步，这是文明直到今天所遵循的规律。到目前为止，生产力就是由于这种阶级对抗的规律而发展起来的。"④

第四，文明是行为、过程和结果的有机统一。文明行为是指文明主体的文明行为，既包括文明主体的行为，也包括主体的文明行为。文明过程是指文明主体与客体之间相互作用的持续性。文明结果是指文明主体与客体之间相互作用的成果。这三者之间是统一的，也会发生矛盾。文明强调的是它们之间的统一。

二 什么是生态文明

（一）生态文明的内涵

生态文明的提出，标志着我国社会主义社会发展进入全新时期，

---

① 阿诺德·J. 汤因比：《历史研究》（下册），曹未风译，上海人民出版社1964年版，第463页。

② 阿尔温·托夫勒：《创造一个新的文明——第三次浪潮的政治》，陈峰译，上海三联书店1996年版，第14页。

③ 塞缪尔·亨廷顿：《文明的冲突与世界秩序的重建》，周琪等译，新华出版社1999年版，第24—26页。

④ 《马克思恩格斯全集》第4卷，人民出版社1958年版，第104页。

也是马克思生态文明观在我国的继承与发展。生态文明是人与自然关系的一种和谐状态，它表征着人与自然相互关系的进步状态。从生态经济学、生态马克思主义、生态文学、马克思自然观，以及现实出发的角度，生态文明都赋予了不同的观点和表述。

从生态文学角度来看，生态文明的核心内涵是指人类遵循人、自然与社会和谐发展的客观规律，所取得的物质和精神成果的总和；它是以人与自然、人与人、人与社会和谐共生、协调发展、全面发展为基本宗旨的文化伦理形态。[①] 从生态马克思主义角度来看，以自然为本的生态文明，强调在保护自然的前提下，实现人与自然的和谐。[②] 从生态经济学角度来看，生态文明的核心是指人类能够把一切社会经济活动都纳入自然系统的良性循环运动。其本质要求是实现人与自然、人与人和谐的目标，进而实现经济社会与自然的可持续发展和人的全面发展。[③] 从科学发展观角度来看，生态文明是以人为本的生态文明，指人类积极改造自然过程中，强调促进人类全面发展的前提下，进而实现人与自然的和谐。这种观点来源于马克思主义自然辩证法，又是马克思主义自然辩证法的发展与实践。[④]

这些概念从不同角度界定生态文明，但最终目的都是从人与自然的关系出发，解决生态危机，追求人与人、人与社会、人与自然的和谐状态，这也是生态文明的本质。生态文明是人类实践活动的产物，是人类社会的进步状态，是一个不断进化发展的过程，所以生态文明既是结果也是过程。生态文明，是人类在改造自然、自我和社会的过程中不断地促进人与自然、人与社会、人与自然和谐共生的进步状态。生态文明包含着丰富的内涵，其主要包括：首先，要求树立生态

---

① 姬振海：《生态文明论》，人民出版社2007年版，第2页。

② 徐春：《生态文明蕴含的价值融合》，《光明日报》2004年3月2日；陈学明：《生态学马克思主义的意义和启示》，《复旦学报》（社会科学版）2008年第4期；王世涛、燕宏远：《生态学马克思主义论析》，《哲学动态》2000年第2期。

③ 廖才茂：《论生态文明的基本特征》，《当代财经》2004年第9期。

④ 张青兰：《马克思主义的生态文明观及其现实意义》，《山东社会科学》2010年第8期；陈文庆：《马克思主义的生态文明理论》，《生产力研究》2010年第5期；王学俭、宫长瑞：《试析马克思主义生态文明观及其当代意蕴》，《理论探讨》2010年第2期。

伦理观，倡导人们形成正确对待生态环境问题的观念形态，包括进步的生态意识、正确的生态心理、进步的生态道德，体现人与自然和谐的价值取向。其次，需要以生态技术实现社会物质生产的生态化，即生态文明的生产方式应该是资源节约和循环利用，实施科技创新，建立生态工业园，实现低碳经济，减轻社会发展对环境资源的压力。再次，需要把人类的生活方式生态化，引导人类健康的生活方式，倡导节约、适度、合理、循环的生活和消费方式。最后，需要加强生态法制建设，完善生态环境保护制度。

（二）生态文明的特征

虽然生态文明赋予了丰富的人与生态的和谐发展的哲学思想，但我国尚处于生态文明建设的初级阶段，没有规律可循。可我们还是能了解一些生态文明的特征：

第一，生态文明具有实践性。实践是人与自然、社会与自然的中介。自然界、人类和社会的历史统一于实践，突破了过去人与自然对立起来的自然观。生态文明把对自然的理解融入对社会实践的理解之中，自然界是通过人的社会实践不断地被人化的实质，形成了人与自然相互影响、相互作用、相互联系的辩证统一关系。人类的活动改变了自然的面貌，人类的实践活动是生态文明的鲜明特征。

第二，生态文明具有科学性。其一，生态文明是以客观事实为基础的。其二，人类只有认识自然规律，按自然规律进行实践活动，自然才会朝着有利于人类的方向发展。其三，在人类的生态文明实践中，要使用科学的唯物辩证法揭示生态文明建设中的问题，科学的方法建设生态文明，科学的态度对待生态文明。因此，生态文明的科学性与实践性是统一的。

第三，生态文明具有反思性。一切实践活动必须在反思中进行，在对自然的改造过程中，我们要反思自然对人类的影响；人对自然的不恰当的干预行为会引起自然界的强大反作用，从而导致严重后果。在社会发展过程中，反思人与人之间的关系。人类的实践活动是在一定的经济利益驱使之下进行的，处理好人与人、社会之间的关系是解决好经济、社会和生态之间关系的基础所在。在一定程度上制约经济、社会和生态环境能否协调发展的关键就是能否更好地处理好人与人之间经济利益的关键。

第四，生态文明具有多维性。它的指向覆盖了环境领域、文化领域、政治领域、经济领域，在社会的各个领域发挥引领和约束作用。既要看到各个领域内部、领域之间的协调关系，还要看到在不同时期，各个领域的发展是有差异的，要有重点地对待，不能只注重某个领域的发展，而忽视其他领域的发展。

第五，生态文明具有系统性。生态文明系统论述了人、自然与社会关系，认为劳动实践是人与自然、人与人之间关系的共同基础。人类通过劳动实践作用于自然界，以使自然能满足人的需要，实现自己的生活和生存。所以，生态文明使人、自然与社会和谐统一，是完整的理论体系。

此外，生态文明坚持人与自然相统一的原则，坚持人类的发展以保护和尊重自然为前提，只有人与自然和谐统一协调发展，才能保证社会的可持续发展。生态文明也是科学发展观的内在要求，是人类文明体系的重要组成部分，构建和谐社会的不可或缺的环节。

三　生态文明与其他文明的关系

（一）原始文明、农业文明、工业文明和生态文明之间的关系

伴随着人类的实践活动，社会文明形态的变迁，是人类不断认识自然和改造自然的过程，工业文明社会导致人类对自然界无度的开发和利用，形成了空前的生态危机，危害了人类的生存。工业文明的前期发展改善了人类生活，使人类生存质量得到了质的提高，而后来工业文明的发展暴露出的弊端不断显化，工业文明追求以人类利益为中心的价值观，已不再适应人类社会的发展，反而阻碍了社会的发展进程，那么什么样的文明才能适应社会的发展呢？一直存在于社会发展中的生态文明则有可能解决人类的实践活动所导致的生态危机。但现在的一种主流观点认为，生态文明完全诞生于现代工业文明，是人类迄今最高的文明形态。① 生态文明将在工业文明和现代科学技术的基

① 俞可平：《科学发展观与生态文明》，《马克思主义与现实》2005 年第 4 期。

础上发展与完善，脱胎于工业文明。[①] 生态文明是人类社会经历的第四种形态的文明，是一种高级形态的文明。我们知道，文明的主体是人，文明发展的历史，是人类社会发展的历史。以历史唯物主义观，人类历史活动首先面临着人与自然的关系。也就是说，自然是人类发展历史的前提，每个文明都蕴含着不同水平的生态观。从划分的逻辑前提来看，人类历史历经了原始文明和农业文明，现正处于工业文明，划分这三种文明形态的标准是统一的[②]（产业、技术发展程度，生产力发展水平），而生态文明的逻辑是以人与自然的和谐相处为前提的。因此，我们可以说生态文明的提出与原始文明、农业文明与工业文明的划分的逻辑前提是不一样的。从文明的未来走向来看，未来的人类社会要走向知识社会、智能社会，在这样的社会发展水平下，有可能实现全面的、真正意义上的人与自然和谐的社会（生态文明社会）。因此，本书认为生态文明并不是脱胎于其他文明形态，在不同的文明进程中，都有不同水平的生态文明。

原始文明其生产力非常落后，对自然只是膜拜与敬畏，人类虽然脱离自然却仍然依赖自然，这是一种淳朴自然本色的蒙昧文明。但原始文明的发展历程，蕴含的生态思想只不过是原始的、未开化的，是利用原始宗教与信仰等方式沟通人与自然。

农业文明是一种以农耕为主要生存方式的文明，生产力有所提高，但对自然的认识从膜拜与敬畏，开始利用自然、开发自然，是人类生存从被动开始走向主动的文明阶段。这个时期，人类开始有目的性地进行着农业生产，人们在向自然索取的同时，也尽最大的努力处理好与自然的关系。这时的农业文明中的生态思想，特别是中华农业文明中，“天人合一”是农业文明朴素的生态价值观，强调天与人的

---

① 申曙光：《生态文明构想》，《科学学与科学技术管理》1994 年第 7 期。

② 生态文明到底是独立于原始文明、农业文明、工业文明，还是贯穿于所有社会形态和文明形态，其争论不休。张义以生态文明历史方位为视角，详细地论述了不同观点，指出生态文明既是一种文明形态又是一种文明结构。参见张义《生态文明历史方位研究述评》，《河池学院学报》2010 年第 4 期。但我们这里强调的是文明形态，我们认为研究文明的形态涉及社会的发展水平，更有研究意义。

统一，认为自然具有不依赖于人的内在价值，同时也肯定了人在自然中的地位。在人对自然的关系上既重视利用自然，又强调顺应自然的趋势，注重人与自然的和谐相处。在农业生产实践中也蕴含着生态思想，按照自然界的运行方式进行生产：农业生物在自然环境中生长，因而产生保护自然资源的思想。人不是以自然的主宰者出现，而是生产过程的参与者；人和自然不是对抗的关系，而是协调的关系，人类不能凌驾于自然之上；人在客观规律面前也并非无能为力，而是能认识客观规律。

工业文明是人类依靠工业生产而征服自然，处在工业发展阶段，生产力水平已大大提高。人们对自然的认识程度也大大提高，在工业文明发展的中前期，人类征服自然、支配自然，这是一个以人类为中心的文明阶段。在这个阶段里，工业大生产不断向自然索取，科技在促进社会物质财富增长和社会文明进步的同时，人类的主体意识和对自然的控制欲不断膨胀，自然被恣意掠夺。尽管工业文明时代，物质财富非常丰富，但几百年工业对自然造成了严重的伤害。如果说在原始文明与农业文明时期，人与自然的关系还是一种朴素的、相对和谐的，而工业文明在一定程度上蕴含着机械式的，以人类为中心的生态思想。人类不断向自然生态索取，征服自然；反过来，人类也遭到了自然的报复。因此，在后工业时代，以历史的眼光，在社会前进的过程中，我们必须深刻思考工业文明发展中的生态思想，在工业文明发展中寻求人与自然的和谐发展。

生态文明追求的是人与自然和谐发展。任一文明形态中都有人与自然的和谐即生态文明。生态文明贯穿于原始文明、农业文明、工业文明的各个阶段，原始文明、农业文明、工业文明发展中的每个阶段都要协调人与自然的关系。原始文明与农业文明是原始和谐、基本和谐，生态文明水平较高，而工业文明是基本不和谐，生态化水平较低，但工业文明为生态文明的建设，走向人与自然和谐提供了必要条件，如高度发达的技术水平、丰富的物质文化等。要以工业文明的物质文明、精神文明和政治文明高度发展为基础，大力发展生态文明。因此，从历史的角度看，生态文明的发展过程是有高有低的，但最终要走向人与自然的和谐；从文明的适用性来看，生态文明蕴含于原始文明、农业文明、工业文明之中，原始文明、农业文明、工业文明与不同阶段的生态价值观密切相关，这取决于当时的生产力、科学技术、文化水平，但核心观点是不变的，蕴含着不同水平的生态文明思想。

（二）物质文明、精神文明、政治文明和生态文明之间的关系

从历史的角度看，每个文明发展阶段都包含着物质文明、精神文明、政治文明和生态文明，只是历史发展阶段中四类文明发展程度不同而已。在我国现阶段，我们必须从中国特色社会主义实践出发，在物质文明、精神文明、政治文明高度发展的同时，也要建立高度文明的生态社会。但有些观点指出，生态文明依赖于物质文明和精神文明，生态文明还不能独立发展，要以物质文明、精神文明、政治文明的建设为“载体”。[①] 也有些观点指出生态文明独立于物质文明和精神文明，有其独立的地位和价值，它强调的是人适应自然、改造自然、改善人与自然的关系。[②]

本书认为，“四个文明”共同构成社会文明系统，彼此协调发展，相互影响，相互制约，是一个完整而全面的文明体系。物质文明为政治文明、精神文明和生态文明建设提供了坚实的物质基础。物质文明的发展程度，制约着政治文明、精神文明和生态文明的发展程度。人类一切生态不文明的行为，是生产力发展到一定水平，物质文明发展到一定程度的产物，是人类对自然认识过程中一定阶段的表现。精神文明为其他三个文明建设提供精神动力和智力支持。对物质文明、政治文明和生态文明具有重大的反作用。精神文明能促进物质文明和政治文明的发展，精神文明能有效提高生态文明的程度。政治文明为物质文明、精神文明和生态文明建设提供政治动力和制度保障是连接其他三个文明的桥梁。政治文明确保物质文明、精神文明、生态文明建

---

① 陈少英、苏世康：《论生态文明与绿色精神文明》，《江海学刊》2002 年第 5 期；邱耕田、张荣洁：《利益调控：生态文明建设的实践基础》，《社会科学》2002 年第 2 期。

② 朱孔来：《社会文明体系中应包含生态文明》，《理论学刊》2004 年第 10 期。

设沿着为最广大人民利益服务的方向发展，确保最广大人民享受社会文明成果。生态文明为物质文明、精神文明和政治文明水平的持续提高提供了可靠的保障；实现广大人民和子孙后代生活质量的稳定提高，进而实现长治久安，是政治文明程度的体现，也为政治文明提供生态保障。“四个文明”共同发展、协调发展，是对人类社会发展的正确回应，是中国共产党科学发展理念的再一次升华，将对小康社会全面建设产生不可估量的作用。

第二节　生态文明观

人类通过不断的实践活动对自然进行认识和改造，推动人类文明从低级逐步走向高级。生态文明的发展需要形成一个与之相适应的价值观——生态文明观。价值观是人类对客观事物的认识和对自身行为结果的意义、作用、效果的总体评价，是指导着一个人、一个社会群体，甚至整个人类行为的原则、标准。价值是指客体的属性与满足主体需要的效用关系。生态文明观为人类的发展创造了更为高级的行动指南，更为广阔的行为空间，能更好地满足人类主体的需求。

一　什么是生态文明观

（一）生态文明观的内涵

生态文明观是对传统价值观的继承与发展，是人类价值观在面临生态环境问题的基础上，人类价值目标的一个提升与进化。生态文明观不像西方伦理学价值观只承认人是主体，否定人与自然之间的辩证关系。也不像西方神学主张人就是要“征服”和“统治”自然。生态文明观，不仅强调人的主体地位，还强调对自然的积极改造，将自然纳入主体范围之内，人与自然是一种动态平衡的关系。

要使人与自然协调发展，这就需要在人与自然关系方面寻找更多的统一性。一方面，人在复杂的社会关系、在自然物质环境中寻求人与人之间的和谐关系。另一方面，自然也具有其价值：固有价值和外在价值。自然的固有价值是自然要保持其本身稳定、持续地运行，也是自然本身存在的基础；自然的外在价值表现在其对人类的存在创造物质环境的价值。因此，首先要将自然的价值和人类的价值紧密结合起来，将价值观的生态性和人性合理地结合起来，才能真正理解生态文明观的内涵。面对当前人类与生态之间的关系，中国传统文化中的天人合一的思想、生态社会主义的生态观、马克思主义生态观和可持续性发展思想，无不证明人的价值与自然价值全面协调统一的社会形态。这种协调统一不是人服从于生态，也不是生态服从于人，而是强调人与生态环境的和谐发展。

生态文明观的立足点是从人与自然的和谐统一角度来考虑的，人与自然都有其价值。人的行为是在对待自然的行为中更好地满足人类的需要，达到人与自然的和谐统一的目标，这正是对传统价值观进行适当扬弃和积极吸收的结果。应把握好人和自然两个尺度，不再以人的利益为基本衡量标准；寻找人与自然的互利共赢，保持自然的完整性和人类自身的全面发展。

（二）生态文明观的时代特征

生态文明观的基本特征就是体现人与自然和谐发展。在中国特色社会主义发展的实践中，生态文明观要赋予时代特征。

生态文明观体现了人的全面发展。社会在不断地发展，但其根本是人的全面发展。人类全面发展的过程伴随着人类不断处理人与自然之间关系的过程，人的全面发展是一个动态的、具体的和历史的过程。人类在自身发展的过程中，不断将生态环境打上人类实践的印记，推动人类文明不断地向前发展。人与自然和谐问题的解决一定程度上在于人与人之间关系问题的解决。人的全面发展能够更好地促进人与自然关系问题的解决，“生态伦理所涉及的是人与自然的关系，但实质上仍然是指人与人之间的关系，环境问题的实质是人与人的利益冲突。这种冲突来自自然环境承载力的有限性与人类个体追求自身利益极大化的天然本性之间的矛盾”。[①] 因此，人与自然之间的矛盾归根结底是人与人之间的矛盾。只有人全面发展，才能从根本上解决人

① 闫喜凤：《论生态文明意识》，《理论探讨》2008 年第 6 期。

与自然的问题。

生态文明观体现了经济、社会及生态协调发展。生态文明观的确立，体现了经济效益、社会效益和生态效益三者的统一，从系统性的角度对三者之间的关系进行合理分析有利于生态文明的建设，也是构建和谐社会建设的重要价值标准。协调发展是指自然、经济社会系统的相互协调。内部子系统之间，各个元素之间都需要相互协调。彼此之间的协调与发展有利于消除人口、生态环境带来的压力，保持整个系统的结构稳定性；系统发展，将人类的实践活动看作整个自然、社会发展过程中的一个有机组成部分，自然生态系统本身就是一个动态稳定的系统，这一系统的发展应朝着整个系统内部不断协调、不断优化、可持续的、稳定的方向发展，才能达到良性动态循环的目的。

生态文明观体现了新的价值标准。以前，评价一个事情发展的价值标准主要依靠经济标准。特别是工业文明发展中，以征服和统治自然为主要标志，导致了人类无度地对自然进行开发利用，同时追求经济利益成为工业文明发展的主要动力。但工业文明的价值标准使工业的快速发展与有限的生态系统发生冲突，导致了生态危机。因此，我们需要一种更高级的价值标准：生态文明观的价值标准应运而生。生态文明观强调以人为本，符合科学发展观的要求，走人与人、人与自然、人与社会和谐发展的道路。

二　科学的生态文明观对生态文明建设的意义

科学的生态文明观是建立在人与自然、人与社会和谐发展的现实基础上的，强调人的价值和自然的价值的统一，人性与生态性的统一。科学的生态文明观是实现人类价值观的伟大革命。生态文明观是对传统价值观的批判与继承，使人类在意识形态上对人与自然关系有了更深、更新、更全面的认识。生态文明观也是科学发展观在思想观念认识上的飞跃，是对生态保护与经济社会发展两者间辩证关系认识上的创新。因此，科学的生态文明观对生态文明建设具有重大意义。

（一）为生态文明建设中出现的问题提供了解决思路

科学的生态文明观将向人类认识生态文明建设、解决生态文明建设中出现的问题提供思想与方法，为走出生态危机困境指明了正确的方向，为落实科学发展观，建设和谐社会，提供了有益启示。我们只有正确认识生态文明建设中出现的问题（人与自然的关系、经济发展与环境保护的矛盾、政策制度选择方面的问题、文化观念的障碍问题等），才能解决这些问题。而科学的生态文明观正是为解决这些问题建立的，它不仅强调人与自然的和谐发展，也强调人与人之间的和谐。

科学的生态文明观解决了经济发展的问题。我国长期以来传统的发展方式，人们没有足够重视生态环境而导致环境已成为经济发展的约束。传统的发展观是一种狭隘的、片面的发展观。传统的发展观主要以物质财富最大化为目标，只重视经济增长，而忽视生态保护；只重视经济价值，而忽视人与生态的价值。结果是生态破坏、环境恶化，经济增长质量倒退。这种发展观只追求速度。无节制、低效率地利用生态资源，忽视对生态环境的保护与治理，不能调整人与自然、环境与发展的合理比例，造成了严重的生态破坏与环境污染。由于经济结构不合理，传统的、低效率的资源开发方式仍未根本转变，"先污染、后治理"，以牺牲生态环境为代价的现象在我国一些地区已相当严重。因此，一个科学的生态文明观将有助于改变传统的经济增长观。

科学的生态文明观修正了生态文明建设中的思想上的问题。面对我国的生态困境，人们的环境保护意识比较薄弱。人类对生态环境科学方面的认识才刚起步，缺乏对资源承载能力的正确认识。人们的生态危机忧患意识薄弱，还没有对生态破坏和环境污染造成的巨大危害有足够的警觉。为了自身短期利益，宁愿放弃环境保护。社会公众没有充分认识享有的环境权利，生态环境法律意识薄弱。环境污染和生态破坏的行为不侵害自身利益，社会公众以"事不关己，高高挂起"的态度，一般不会行使公众参与权与监督权。社会公众虽然关注环境保护的权益性，但责任心浅薄。社会公众对环境保护没有形成自觉的使命感和责任感，对环境保护还只停留在对短期利益和个体利益的诉求上，没有将环境保护意识上升到道德高度，形成健康的生态道德观念：侵犯了他人的利益的环境污染、生态破坏行为，是不道德的；生态环境是有价值的，对人类和自然界都要讲道德。虽然社会公众对环境问题的关注度越来越广，对生态破坏与环境污染带来的负面问题的敏感和关注程度远高于自己参与到环境保护的事情上来，社会公众的参与的自觉性不高。

科学的生态文明观解决了生态文明建设中的制度上的问题。经济发展与环境保护的不和谐导致了严重的生态危机。生态危机不仅是人类的生存危机，同时也是制度危机，这些都是由人们的不理性行为而造成的生态环境问题。人的行为是由思想意识和动机决定的，但人的思想意识和动机受一定的制度支配，也就是说，人的行为也受制度的支配。不能简单地判断人的某种行为是否合理，而要看行为背后的制度是否合理。一个有约束力的制度可以有效地制止或降低人的不理性行为。所以，生态保护与治理的制度对于生态问题有直接的和决定性的影响。

（二）为生态文明建设提供更加先进的价值规范标准

生态文明观实现了人类价值观的伟大革命，将为生态文明建设提供更加先进的价值规范标准。无论是生态伦理观的树立，还是生态文明建设的制度法律构建；无论是人类的生活方式，还是物质的生产，都要按照此价值规范标准进行衡量。如果不按此标准衡量，则不能形成更高级的社会文明状态，生态文明建设将没有意义。

首先，树立起生态价值观。生态文明的兴起，是对传统价值观的超越和升华。自然不仅对人有价值，而且其自身也具有价值。生态文明观既肯定了人的价值，又突出了自然的内在价值。生态价值观强调人与自然的协调、内在和谐联系，肯定生态环境对人类生活日益突出的作用，同时也坚持人对自然环境的权利与责任，反对以自然为中心和以人类为中心的观点，倡导物质追求与精神追求的统一，人与自然的和谐发展。价值观的生态化转向要从科学技术发展水平对自然环境的作用上来考虑，各国都应根据自己绿色 GDP 的发展现状来促进价值观朝生态方向转化。其次，在生产方式上，要求转变经济发展方式，实现产业生态化。“高投入、高排放、高消耗、高污染”的传统粗放的经济发展方式在促进经济增长的同时，也给生态环境带来了巨大的破坏和消耗，这是不可持续的发展方式。因此，要追求经济社会发展与自然的协调，改变传统产业发展模式，加快转变经济发展方式，建设资源节约型、环境友好型社会，建设生态化产业，发展循环经济。通过产业结构调整、循环技术、绿色技术和污染控制等手段，建立产业生态化的市场机制。最后，在生活方式上，要求树立绿色消费观，以消除异化消费。传统的社会生活方式把满足人的无限的物质财富欲望作为第一目的，采用各种非理性的手段去开发、诱导和满足感观享受，结果必然导致对环境大量的破坏、自然资源无休止的索取。而生态文明的消费观是一种适度节制的消费，避免或减少对生态环境的破坏，以崇尚简朴、保护生态环境等为特征的消费行为。人类的消费水平必须与生态环境承载力相适应，积极倡导适度消费、合理消费、科学消费，树立绿色消费观，保证生态环境与人类社会永续发展。

三　什么样的生态文明观才是科学的

生态文明观的科学性：生态文明观是以客观事实为基础的，遵循人与自然和谐发展这一客观规律。只有在马克思主义提供的科学世界观和方法论的基础上去探讨生态文明才是科学的。这也是如何建设生态文明首先要回答的一个问题。

首先，人、自然与社会和谐发展才是科学的。人、自然与社会和谐发展具有系统论的方法，人、自然、社会既可以作为一个大系统中的子系统，也可以作为独立的系统。只有系统中的每个部分实现了和谐发展，整个系统才会和谐发展。人、自然与社会和谐发展强调了一个动态的发展思维，人、自然、社会都是动态发展的，不能静止片面地对待。实现人与自然的和谐发展强调不能仅仅以人的利益为尺度来衡量人与自然的关系，要尊重自然的权利，承认自然界的价值，反对对自然界的过度开发。要求人们以科学技术为先导，充分利用自然资源，在最适合自然本性的状态下，从事生产活动，将人类与自然的关系变得更加和谐统一。在人与人的关系上，生态文明强调不应以牺牲和损害一部分人的利益为代价来换取另一部分人的发展，要积极创造条件使每一个人（既指个体层面上的人，又指国家层面上的人，还指整个人类）都能全面发展（不仅指“横向”的代内人的全面、和谐发展，也指“纵向”的代际人的全面、和谐发展）。实现社会的和谐，实现社会的全面、协调、可持续发展，是生态文明的更高要求。人、自然与社会的和谐发展既体现了生态文明的本质特征和本质要求，又体现了可持续经济、可持续生态、可持续社会的高度统一性。

其次，结合我国实际的生态文明观才是科学的。马克思主义的世界观、方法论是马克思主义提供给我们的最为宝贵的财富。但中国的社会主义建设中有自己的国情、有自己的特色。生态问题不仅存在，而且形势不容乐观，我们必须正视。我们只有坚定地走自己的道路，确立科学的生态文明观，以科学发展观指导生态文明的建设，生态文明社会建设才会有光明的前途。当然，我们也要科学地借鉴其他国家在生态文明建设过程中的合理方法与经验，才能避免我国重走不该走的道路。中国共产党人从提出计划生育，到确立环境保护为我国的基本国策；从确立可持续发展战略到提出建设资源节约型、环境友好型社会；从发展循环经济到提出建设生态文明，这些都是从我国国情出发，经历一个从理论研究到提出政策再到宣传教育，直到科学理论转化为群众内在的自觉意识和社会实践的自觉行动的过程。

最后，相对完整、互相关联的生态文明观才是科学的。生态文明观的构建是一个系统工程，生态文明观的每一个部分缺一不可。在中国特色社会主义建设过程中，逐渐形成了包含生态意识观、生态经济观、生态环境观、生态消费观、生态制度观等内容丰富的生态文明观。生态意识观是生态文明建设的根本前提，没有正确的思想意识指导生态文明的实践，生态文明建设将寸步难行。因此，我们必须在生态忧患意识、环境保护意识、生态价值意识、生态责任意识、能源节约意识、消费简约意识、亲近自然意识、环境优化意识、生态道德意识等方面做出大量的努力，才能有力地推动生态文明建设；生态经济观强调经济、社会、资源环境协调发展。我们必须转变经济增长方式，发展循环经济、低碳经济，实行可持续发展战略；生态环境观和生态消费观强调生态文明建设不仅需要生产方式的转变，而且需要消费方式的转变。因此，我们提倡生态化的消费模式，消费要考虑自然条件的承载能力、供给能力，在既符合物质生产的发展水平，又符合生态优化的原则；既能满足人的消费需求，又不对生态环境造成危害下进行消费。生态的制度观要求我国构建一个相对完备的制度体系，包括宪法、法律、行政法规、地方性法规、规章等多个层面，有效地限制人们的盲目建设和开发行为，为保护和建设生态环境，恢复生态环境，实现人与自然的和谐提供坚实的制度保障。这五个方面构成一个相对完整、相互关联的理论体系。深入研究和把握这一科学理论体系，是我们建设生态文明，实现我国科学发展、社会和谐的前提条件。

第三节　马克思主义生态文明观的基本内涵

一　马克思主义生态文明观的基本观点

马克思在论证人与自然关系时，强调人们要合理开发、利用自然。其批判了资本主义制度下的生产方式对自然生态的破坏，从不同的层面、不同角度对人与自然的关系作过深刻的研究。马克思主张在自然界实现人道主义，强调按照符合人类本性、自然规律的要求去开发和利用自然，以实现人与自然的和谐发展。随着社会的发展，马克思主义的生态文明观也在不断发展，形成了以下基本观点。

（一）人与自然的内在统一观

马克思、恩格斯认为，人与自然之间具有不可分割的联系，是内在统一的。他们指出，人是自然界发展到一定历史阶段后的产物，自然界是人类生存和发展的基础，离开自然，人类无法生存。在人与自然互动关系中，不仅人有价值，自然也有价值；不仅人有主动性，自然也有主动性。把人类与自然环境的共同发展放在首位，将生态价值与人的价值统一起来。人类不能随心所欲地利用自然的价值来满足人的价值，对自然开发要有度。人们如果过于强调人的主动性、能动性，人们过分强调科学技术的作用，把人视为自然过程的控制者，导致人类过度开发自然，最终产生环境污染、自然资源枯竭等全球性问题。这就要求我们正确认识和运用自然规律。

（二）和谐发展的劳动实践观

人与自然的关系、人与人的关系、人与社会的关系是通过劳动实践辩证统一的。人是具有自然属性与社会属性的自然存在物，自然属性要求人必须进行生产劳动才能得到自身所需物质，从而实现人自身的自然与外部自然之间的物质、能量和信息交换，使人的生命得以维持和延续。在生产实践中，人们要自觉调整和控制人与自然界之间的物质变换，实现生态系统的良性循环、持续进化，人与自然的和谐发展。

人的社会属性也是在人类生产实践中产生的。人类正是通过实践，才逐渐摆脱了对自然的依附，实现人与自然的真正统一。在人的劳动实践活动中，自然的发展和人类活动的辩证性才充分体现出来。人类的劳动实践是有双重效应的，即劳动实践是人与自然的物质变换过程也是人与人社会关系形成过程。马克思的劳动实践观克服了旧唯物主义的抽象自然观，从实践的角度来解释自然与人类社会的发展，实现了人与自然的统一。

（三）生态文明的革命观

马克思从人与自然关系入手，揭示了资本主义制度是造成人与自然对立、酿成生态危机的原因。马克思又从人与社会角度论述了资本主义必然灭亡，用社会主义制度取代资本主义制度，用社会主义生产方式取代资本主义生产方式，才能从根本上消除人与自然的紧张关系，才能消灭产生生态危机的根源，消除人与人、人与社会、人与自然的对立，真正实现生态文明，这些都突出了生态文明的革命性。这个观点加深了我们对马克思主义生态文明的理解，为我们的发展道路指明了正确的方向，是我国生态文明建设的理论基础。

实现工业文明向生态文明的转变是解决资本主义生态危机的必然选择。马克思主义认为，文明是人类社会进步的重要标志。人类在工业文明阶段所创造的生产力虽然超过了以往所有社会所创造生产力的总和，但由于工业的过度发展也导致生态环境遭到了严重破坏。生态环境问题已经成为我们共同关注和亟待解决的中心问题。面对工业文明基础上人与自然、人与人、人与社会的矛盾与对立，面对生态环境、人的发展与社会发展的尖锐矛盾，人们开始思考和寻找解决问题的方法。在这个过程中，马克思主义关于生态文明的理论，对当前生态保护与治理理论的发展及实践，显示了普遍而深远的意义。

（四）“以人为本”的生态价值观

马克思主义生态文明是“以人为本”的生态价值观。“以人为本”既是社会发展的出发点，也是生态文明建设的出发点。因此，马克思主义生态文明观与科学发展观是一脉相承的。在马克思主义生态文明观的实践中，人类是生态文明建设的主体。建设生态文明，是人类积极地与自然实现和谐，而不是人类消极地崇拜、依赖自然。人类既不能简单地去统治自然，也不能消极地对待自然。生态文明关注的是人与自然的和谐统一，协调发展，从而保障人与自然的可持续发展。因此，生态文明是“以人为本”的。

在生态价值层面上，人类的存在有其自身的价值，自然也有其自身的价值，他们都有存在的价值诉求，那么就存在利益冲突。人与自然的矛盾的主要方面是人，是人的欲望、人的利益需求，不顾后果的利益需求是导致生态危机的根本原因。但我们并不否定人的合理利益的取得。人类保护生态环境的出发点和归宿点都是为了人类利益。生态文明建设是维护人的生存价值，是为了人本身，解决人与自然矛盾的途径最终是以人的全面发展为着眼点和落脚点。因此，生态文明建设的核心问题就是要在保证人与社会合理发展要求的基础上，通过改变人的不理性的行为，即生产方式、生活消费方式，调整不合理的人与人、人与社会物质利益关系，从而实现人与自然的和谐。

二　马克思主义的生态文明观与西方生态文明观的区别

对资本主义的生态危机的解决之道，西方也出现了不同的声音：“人类中心论”和“非人类中心论”的生态观。两种观点均从哲学角度揭示了单独以人为中心、不考虑自然对人类实践的作用的“传统人类中心论”是生态问题产生的根源，但在“是走出人类中心主义还是走入人类中心主义”的抽象价值中存在争论。马克思主义的生态文明观强调人、自然与社会的和谐发展，以人为本的全面发展，环境、经济与社会的科学发展。因此，马克思主义生态文明观在价值观、思维方法、生态危机的原因及出路等方面与西方生态文明观存在部分分歧。

（一）主体与客体的区别

生态伦理观是现代西方环境保护运动的产物，随着西方环境保护运动的发展而发展。其有两种观点：人类中心主义与自然中心主义。其中人类中心主义是主流，强调只有人与人之间才存在直接的道德义务，人类由于对人类生存和对子孙后代利益的关注，才对环境问题和生态危机负有道德责任，并非对自然本身的关注。此观点并没有考虑自然的价值以及其对人类的价值，只认为自然是满足人类所需的。而自然中心主义是新潮，它把道德对象的范围扩展到自然界，强调的是人与自然的关系，而忽视了人与人之间的关系问题，引导人们放弃人类的主体地位，追求人与自然的和谐。此观点似乎是要消解人的主体地位，把人泛化为其他客体，似乎这样就可以免除人类对大自然的破坏，恢复自然生态系统的良性循环。生态伦理观作为指导人与自然关系的思维方式，必须首先搞清楚如何理解人与自然；人与自然应该具有怎样的关系；只有弄懂这些问题，生态伦理观才能从逻辑上解决人为什么要保护自然以及怎样保护自然的问题。生态伦理观的主要困境在于：自然的内在价值是否存在；如果存在，人能否或应该将伦理关怀扩展到自然界，但生态伦理观没有解决这些根本问题。

马克思主义生态文明观指出，主体与客体的统一是人类与环境之间关系的标志性体现，其中交织着多种不同的对象性关系。在认识事物的初期，明确事物最初“是什么”的关系是十分必要的，不知道事物之间“是什么”的关系，又怎样进一步去探讨它们之间“怎么样”的关系呢？而且我们可以清楚地看到，在人与自然环境的关系问题上，马克思、恩格斯并不是一个机械的对立论者，而是一个辩证论者。他们强调“人创造环境，同样环境也创造人”。彼此是互相制约、相伴而生的。人的主体地位是大自然自身进化的结果，而自然界客体地位的确立，也是人类主体对自然价值的肯定。树立这样的观点是很重要的，它是我们分析与研究人类与环境的其他方面关系的基础。既然人是主体，那么人类对造成自然环境的破坏就有不可推卸的责任，因此需有保护生态环境的义务。

（二）劳动实践的区别

无论哪个文明，哪个观点必须经过实践的检验才是真理。马克思主义生态文明是从实践唯物主义的角度去分析的，自然是人类实践的对象，人类在自我实践的过程中不断地改造和利用自然。人相对于自然成为实践的主体，人类在实践过程中对自然的认识经历了恐惧自然、依附自然，直到最终征服和统治自然理念的形成，无不体现人的实践活动迫使人类意识形态发生质的变化，人与自然形成一种对立形态，在对立中寻求人与自然的和解，最终形成生态文明价值观所指出的维护人与自然的和谐统一、和平共处的理念。

无论是生态马克思主义和生态社会主义的观点，还是生态伦理以及生态经济学的观点，基本上都没有说明劳动实践在人与自然，环境与经济、社会的关系，以及起到的作用。马克思主义生态文明观是和谐发展的劳动实践观，马克思主义生态文明也是马克思实践哲学的践行，是中国特色社会主义理论的实践。劳动实践是贯穿马克思主义认识论部分的核心，也是贯穿马克思主义生态文明的核心。劳动实践是人类的生存方式，是人所特有的活动，反映了人与人、人与自然之间的关系性质和取向。从本质上看，劳动实践观包含深刻的生态文明思想。劳动实践不仅具有社会属性，同时劳动实践还作用于自然系统及其演进的过程。人属于自然，人的劳动实践也属于自然系统，劳动实践是人与自然物质变换过程中一个基本的环节。人作为能动的自然存在物，必须要对人与自然发生关系的活动过程加以规范。因此，劳动实践观具有内在尺度与外在的统一的价值规范，内含着权利与义务、主体与客体相统一的文明思想。劳动实践是推动人与自然和谐发展的手段，实现了人在改造自然过程中的自我价值。

（三）生态危机产生的原因及其出路的区别

由于全球性的生态危机进一步加剧，一些马克思主义者在深刻反思各种生态理论和环境保护运动之后，开始转向对马克思主义生态思想的研究，以寻求解决生态危机的正确指导思想，进而产生了生态马克思主义思想。生态马克思主义者认为生态问题是由资本主义方式引起的，资本主义制度是造成全球生态危机的根本原因，消除生态问题的唯一办法是废除资本主义制度，实施社会主义制度。阿格尔的生态危机理论是生态马克思主义的主要观点。阿格尔的观点是以当代资本主义新的发展变化为借口，力图否认马克思的异化劳动理论和经济危机理论在当代社会的适应性，并用生态危机理论取代了经济危机理论。[①] 阿格尔的生态危机理论并没有认清资本主义经济危机最核心的问题，把生态危机与经济危机的因果关系颠倒了。他没有结合当代实践发展马克思主义理论，没有从马克思主义的科学立场研究当代资本主义，而是用唯心主义哲学去解释、发挥、补充马克思主义。[②] 阿格尔的观点没有站在马克思主义的立场揭露和批判资本主义社会，没有抓住事物的实际本质，而是侧重现象的研究。

20 世纪 90 年代的生态社会主义也强调：首先，资本主义的“制度逻辑”是全球生态危机的根源，资本主义不可能为解决生态危机找到根本出路。发达国家对物质财富的大量享受和消耗，应对生态危机的产生负有最大的责任。资本全球化把资本主义生产的逻辑扩大到全球，从而使生态危机演变成全球性危机。因此，生态社会主义要求废除资本主义，消灭私有制，反对由资本主义制度所造成的贫困和环境危机，建立一个绿色的、社会公平的社会。其次，反对资本对自然的超级掠夺，主张以人为中心。生态社会主义主张在反对生态危机的同时，不应放弃“人类尺度”。生产的目的首先应当满足社会需要，即“把人放在物之上”。

马克思主义生态文明观则认为生态文明是一个完整的、科学的、实践的、革命性的理论。生态社会主义的关于生态文明观的理解，虽然说明了变革资本主义社会才是解决生态危机的根本出路，不应把人与自然对立起来等生态文明思想。但我们也应该看到，生态社会主义

---

① 袁秋兰、盖军静：《资本主义生态危机的根源及其出路——本阿格尔的生态危机理论评述》，《哈尔滨学院学报》2011 年第 4 期。

② 王学伟：《马尔库塞与阿格尔生态马克思主义理论之比较和评价》，《学术交流》2008 年第 12 期。

的社会理想的消极性与倒退性，并不能指导生态文明的建设实践，反而成为西方政党利用的工具。此外，社会要进步、要达到更高的文明，那么整个社会的环境、经济以及人都应该高度发展，而且是和谐发展。而生态社会主义在发展的观点中，既不会限制经济增长，也不会限制技术进步。社会的发展将走向一个基于自我约束的、生态上可持续的消费模式的唯一道路。

生态社会主义的理论立足点还是“西方中心论”，他们的观点缺乏全球视野，是立足于西方人的价值观的，常常是损害别的民族或者国家的利益的，对“生态殖民主义”的危害认识不足。众所周知，发达的资本主义国家应当对全球生态危机的生产负主要责任。但是，这些国家从本国利益出发，拒绝为解决全球性生态危机问题做出自己应有的贡献（美国政府拒绝履行旨在限制二氧化碳排放量的《京都议定书》就是一例），反而凭借自己在经济、技术和军事上的实力，推行“生态帝国主义”和“生态殖民主义”，向广大发展中国家实行生态危机转嫁，通过污染性行业的国际转移、有害有毒废弃物的廉价输出、保存自己的自然资源而大量廉价购买欠发达地区自然资源的种种手段，使他国成为自己的“原料地”、“垃圾场”。[①] 而生态学马克思主义者仅仅从道义上谴责这种不平等和不道德行为，呼吁发达国家承担环境责任，这是远远不够的。因此，要从根本上解决生态危机，必须从根本上变革资本主义为共产主义。显然，在这方面，“生态学马克思主义”是有缺陷的。

（四）科学技术作用的区别

西方生态学马克思主义强调解决生态危机的根本途径并不在于限制技术和经济的发展，问题的关键在于如何协调技术运用背后的人与人之间的关系，人与人关系的协调才是技术合理化的前提。[②] 生态学马克思主义指出，由于技术运用的方向取决于社会制度的性质，因此

---

① 解保军：《马克思自然观的生态哲学意蕴及现代意义》，博士学位论文，黑龙江大学，2001 年。

② 王雨辰：《论生态学马克思主义的生态价值观》，《北京大学学报》2009 年第 5 期。

克服资本主义制度下人与人关系的异化，是实现技术合理化的前提。生态社会主义社会既不会限制经济增长，也不会限制技术进步。必须重建一种新的技术观念，促进技术运用的合理化，既要“控制自然”，通过技术革新和运用使自然服从人的非理性的物质需求，还要把人的非理性行为置于控制之下。另外，还要求摒弃那种狭隘的人类中心主义价值观，以合理的人类利益为根据，切实考虑人类和自然之间的关系以及自然的需要和利益，实现人类需要和自然的自我平衡。

一方面，我们已经指出，只有共产主义才是解决生态危机的根本出路，生态社会主义的观点只是表象；另一方面，在马克思看来，科学技术是一种“伟大的革命力量”，邓小平认为科学技术是“第一生产力”。马克思主义生态文明体现了生态科技观。随着科学技术发展的生态化转向，它必定在生态文明建设中发挥重要作用。科学技术将优化生产力要素结构、提高生产要素的质量，改善人与人之间的技术性关系；科学技术将改造传统工业化生产方式，为生态化生产方式的形成提供技术基础；而作为生态文明实践基础的生态化生产方式的形成和发展也对科学技术的发展提出了新的要求：高效率获取所需物质资料的技术、低碳技术、循环技术等，不仅体现为对自然的改造能力，而且体现为对自然的建设能力。

第三章　我国西部地区面临的生态问题

西部地区包括重庆、四川、云南、贵州、甘肃、陕西、西藏、青海、宁夏、新疆、内蒙古、广西共12省（市、区），总面积686.7万平方公里，占全国的68.8%。由于自然、经济、社会和历史等方面的原因，我国西部地区的生态环境不断恶化，造成了生态系统发展中的不连续性、不可逆性和不平衡性。

随着西部大开发战略的不断推进，工业化、城市化的不断深入发展，环境污染的加重，生态环境的不断破坏，以及因技术落后、产业结构不合理和粗放的高能耗的经济增长方式，西部地区必然要面对生态的进一步恶化和环境进一步污染的困扰。此外，经济社会发展与环境保护的矛盾在加剧，人的生存与生态保护、治理的矛盾也在加剧。西部地区面临更加严重的生态恶化，经济发展与环境保护问题，这些问题能否得到解决，关系到中国的科学发展观、可持续发展战略实现的问题。

第一节　自然环境维度的生态问题

一　自然环境相对恶劣

自然环境主要包括地貌、气候、水文、土壤、动植物、矿产等多个方面。下面我们从地形地貌、气候、水资源、土资源、植被森林五个方面说明西部地区自然环境的恶劣与复杂。西部地区地形地貌复杂、多样，有高山、高原、盆地、丘陵，地貌种类多样，恶劣地形较多。西北黄土高原有沙漠、沙化地貌和黄土黏土荒漠地貌，西南的武陵山区和桂西北山区有喀斯特地貌，青藏高原和横断山区有寒冻风化地貌等。恶劣复杂的地形地貌导致了地质灾害频繁。西部地区80%以上的贫困县分布在这样的特殊自然环境中。分布于生态环境脆弱带的西部地区农民，为了维持生存，过度垦殖，过度放牧。土地利用不当，加剧了水土流失，草原沙化，使原已贫瘠的土地更加贫瘠。西部地区是干、旱、寒等灾害发生率最高的地区，气候受东南季风和西南季风的影响很强烈，寒、暖、干、湿的季节变化很大。

（一）地形地貌导致地质灾害频繁发生

地形地貌是地质灾害形成发育的重要控制条件，为地质灾害的发生提供了空间基础。西部地区的地质灾害简要分为以下几种状况：

黄土高原滑坡、崩塌、水土流失，土地荒漠化严重，干旱化，盐渍化趋势加剧。贺兰山—六盘山—马衔山地区，主要是崩塌和泥石流灾害，时而有滑坡发生。河套平原主要是土地沙化和盐渍化问题。关中平原在渭河两侧，泥石流、滑坡灾害强烈发生，西安市的裂缝地面沉降给西安市人民构成极大的威胁。

新蒙地壳强烈升降的内陆盆地土地沙化、盐渍化区。区内沙漠分布面积大，占全国的70%—80%。山地有阿尔泰山、天山、昆仑山，都属高山极高山地形，气候恶劣，不宜居住。地质灾害在盆地内和平原区主要是土地沙化和盐渍化，平原区分布面积大，但70%—80%的人口都集中在只占5%左右的可耕土地范围内。由于沙漠分布面积大，沙尘暴几乎年年侵吞大量土地，可耕土地又因为地下水位浅，气候干旱，灌溉排水条件差等原因，土地盐渍化现象严重，成为这个地区人类最大的地质灾害问题。

青藏高原区在世界上是一个独特的生态地理区域，是世界上面积最大、海拔最高的高原，大致包括青海、西藏及四川西部区域（约占国土面积的25%），平均海拔在4500米以上，空气稀薄，气温低、风力强，植被多属高寒类型，多以冻融灾害为主。冻土发育厚度一般在20—60米，最大可大于100米，融冻深度最大为30米。祁连山在冻融作用下，泥石流、滑坡、崩塌等地质灾害时有发生，特别是泥石流对河西走廊平原构成威胁。

西南湿润区属我国的亚热带区域，包括陕西秦岭以南、四川、重庆、云南、贵州、广西区域，年降雨量多在800毫米以上，多易造成泥石流、地震等地质灾害。雅鲁藏布江两岸以水土流失和泥石流为主。地貌类型包括中低山区与盆地。区内水系发育，河流侵蚀作用强烈。新构造活动与地震强度在本区都表现得比较突出，2008年的汶川大地震就发生在这里，造成了极大的人员和财产损失。秦巴山地与四川盆地虽然在构造和地貌上均有差异，但在气候条件上类似，灾害类型相同，都以崩塌、滑坡、泥石流等突发性灾害为主。区内地质灾害主要是滑坡和泥石流，其次为崩塌和水土流失。在岷山地区水土流失泥石流最为严重。

地质灾害造成的人员伤亡及财产损失严重。表3－1显示2009年西部地区各种地质灾害共发生3948次，其中四川、重庆、西藏等地区次数最多，分别为934次、908次和655次。西部地区地质灾害造成的死亡人数共660人，在前三位的四川、广西、重庆，分别为244人、118人和111人。西部地区地质灾害造成的财产损失共109210万元，前三位的为四川、重庆和云南，分别为31904万元、18783万元和13118万元。这样我们可以简单地分析西部地区的地质灾害情况：首先，西南地区的地质灾害最为严重，主要在四川、重庆、云南、广西与甘肃等地；其次，人口和财产安全较高的地区有贵州、陕西等地；最后，人口财产安全较低的地区有新疆、青海、宁夏和内蒙古等地区。2008年西部地区的地质灾害次数占全国的68%，直接经济损失达到了72%。2009年占全国的37%左右，但地质灾害造成伤亡人数占全国比例为78%，直接经济损失则达到了57%。这些都说明了西部地区的地质灾害的危害性非常严重。

表3－1　　西部地区地质灾害状况分析

地区	2008年			2009年		
	地质灾害发生起数（次）	地质灾害造成伤亡人数（人）	地质灾害造成直接经济损失（万元）	地质灾害发生起数（次）	地质灾害造成伤亡人数（人）	地质灾害造成直接经济损失（万元）
内蒙古	34	—	2400	34	—	1960
广西	1076	—	6189.98	373	118	3856

续表

地区	2008年			2009年		
	地质灾害发生起数（次）	地质灾害造成伤亡人数（人）	地质灾害造成直接经济损失（万元）	地质灾害发生起数（次）	地质灾害造成伤亡人数（人）	地质灾害造成直接经济损失（万元）
重庆	539	—	53088	908	111	18783
四川	6205	—	16844	934	244	31904
贵州	381	—	3206.4	167	38	10650
云南	1035	—	109679	442	97	13118
西藏	125	—	1496.41	655	10	13076
陕西	348	—	5035.49	224	14	3811
甘肃	8245	—	37327.4	161	25	11237
青海	23	—	394	25	2	714
宁夏	1	—	5	19	—	—
新疆	21	—	363.8	6	1	101
西部	18033	—	236029	3948	660	109210
全国	26580	—	326936	10580	845	190109

注：表中数据经过四舍五入处理。

资料来源：《中国环境年鉴》（2009—2010年）。

（二）气候条件恶劣

西部地区的气候条件恶劣，主要表现在气温呈波动性上升趋势；降水稀少，降水分布极不均匀；沙尘天气频繁。

本书将利用1951—2008年全国194个常规地面站观测资料挑选资料长度较长、数据较完整的站点对我国西部地区的气候变化进行较为全面的研究总结，根据中国气象局，气候中心按降水指数将全国划分为15个区，本书将西部地区合并为5个区来讨论我国西部地区气候变化情况（见表3-2）。近60年我国西部地区年平均气温呈上升趋势，气温变化的地域差异和季节差异较大。其中河套区和新疆区气温上升得最为明显，其次为西藏区和河西区，西南区气温增幅最不明显。由于气温的上升，青藏高原的冰川面积显著减少，预计到2050年还有可能再减少27%。冰川退缩，短期内使河流径流量明显增加，一旦大部分冰川消亡，其下游河流就会逐渐干涸，最终导致气候干旱、陆地荒漠化等生态灾难的来临。近几十年来，西藏高原地区大多数湖泊处于负平衡状态，其水量入不敷出，湖泊向萎缩方面发展。此外，青藏高原地区的藏北高原平均海拔超过4500米，气候极其恶劣，雨、雪、雹、霰天气频繁，年降水量在120毫米左右，昼夜温差很大，夜间气温经常降至0摄氏度以下。

表3－2　　近60年我国西部年平均气温、平均降水的变化

年代	西南区		河套区		河西区		新疆区		西藏区	
	气温	降水	气温	降水	气温	降水	气温	降水	气温	降水
20世纪50年代	15.43	3.24	10.54	1.60	8.03	0.53	9.52	0.23	3.00	1.02
20世纪60年代	15.21	3.48	10.57	1.67	7.68	0.6	10.05	0.21	2.7	1.23
20世纪70年代	15.19	3.35	10.77	1.47	7.89	0.61	9.99	0.21	2.99	1.29
20世纪80年代	15.23	3.31	10.79	1.74	8.18	0.62	10.24	0.35	3.22	1.49
20世纪90年代	15.46	3.44	11.53	1.40	8.52	0.59	10.5	0.37	3.52	1.52
21世纪	15.90	3.50	12.02	1.35	8.76	0.57	11.10	0.34	3.79	1.61

西部地区降水稀少，降水分布极不均匀。从表3－2还可以看出，西南和西藏两区的年平均降水量是增加的，而河套区、河西区与新疆区的降水量呈现先增后降的趋势。部分地区降雨减少，这些都在某种程度上加剧了西部地区生态退化的速度和程度，应引起足够的关注。

表3－3是西部地区省会城市2000—2009年的平均降水量，其说明各地区降水分布极不均匀，降水量比较多的均在西南区，如南宁、重庆、成都、贵阳、昆明，而西北地区则较少，最少的银川10年平均降水量为171.5毫米且10年中各年的平均降水量没有超过500毫米的，兰州、乌鲁木齐、呼和浩特的年降水量也较少。此外，各地区

年平均降水量也极不均匀。

表 3－3　　2000—2009 年西部省会城市年均降水量　　单位：毫米

城市	2000 年	2001 年	2002 年	2003 年	2004 年	2005 年	2006 年	2007 年	2008 年	2009 年
呼和浩特	316.8	296.1	363.1	653.1	423.6	248.3	290.8	261.2	571	265
南宁	905.0	1987.5	2054.5	1296.7	906.3	1119.2	1159.4	1008.1	1625	963.1
重庆	1010.9	814.8	834	1065.7	1182.1	1019.8	839.6	1439.2	962.7	1198.9
成都	783.3	826.2	854	741.1	1060.4	765.6	704.4	624.5	1028.2	724.2
贵阳	1441.2	942.3	998	924.8	1048.3	1067.5	1016.9	884.9	1370.9	849.5
昆明	886.0	1173	1240	832.4	1093.7	976	993.6	932.7	982.2	565.8
拉萨	529.7	492.3	559.3	547.5	555.2	495.8	339.3	477.3	533.8	344
西安	539.0	405.9	423	882.8	512.7	541.4	434	698.5	525.2	660.3
兰州	359.9	270.3	217	324.1	209.1	431.4	208.9	407.9	305.4	185.9
西宁	343.0	397.8	321	564.0	429.5	484.1	352.3	523.1	378.6	459.1
银川	133.8	163.2	212.0	201.6	144.0	74.9	195.8	214.7	194.6	180.0
乌鲁木齐	332.3	277.7	334.0	369.4	333.6	276.3	235.9	419.5	171.8	353.1

资料来源：《中国统计年鉴》（2001—2010 年）。

西部地区沙尘天气频繁。由于气温上升、降雨下降导致西部内陆地区沙尘天气无论从天数、强度、范围都要远远大于东部地区，尤其以新疆、内蒙古中西部、河西走廊地区为甚。20 世纪 60 年代特大沙尘暴在我国发生过 8 次，70 年代、80 年代各发生过 13 次和 14 次，90 年代至今已发生 20 多次，且波及的范围越来越广，造成的损失越来越大。如 1993 年 5 月 5 日，发生在甘肃省金昌、威武、民勤等地市的强沙尘暴天气，造成直接经济损失达 2.36 亿元，死亡 50 人，重伤 153 人。图 3－1 说明了 2000—2009 年我国沙尘暴天气变化趋势。总的来说，沙尘暴天气变化差异大，但近两年呈现下降的趋势，且强沙尘暴天气下降明显。从空间分布看，新疆和内蒙古发生的次数较多，2007 年新疆发生 4 次，内蒙古发生 3 次，其中，2007 年 5 月造成新疆的直接经济损失达 1.5 亿元。

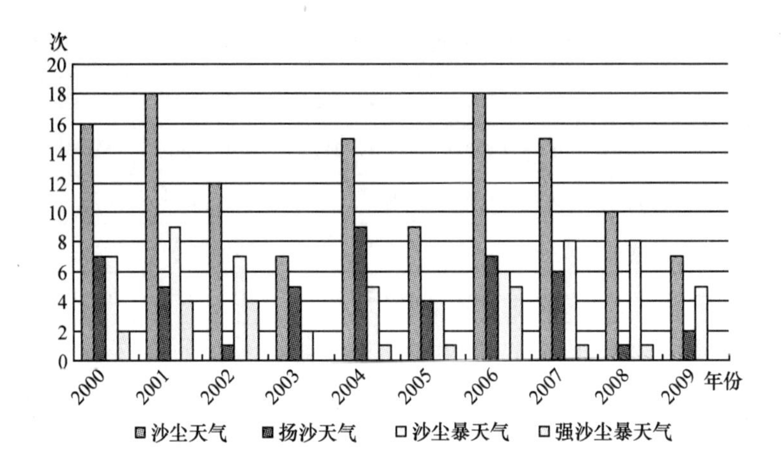

图 3－1　2000—2009 年春季沙尘天气过程次数变化

资料来源：《中国气象灾害年鉴》（2008—2010）。

（三）水土资源短缺、流失严重

1. 土资源退化，生态功能减退

西部地区草地、林地、耕地变化剧烈，农田开垦和弃耕并存；在人工林总面积增加的同时，而天然林和防护林的面积有所减少；草地面积显著减少，草地退化面积大幅度增加。

表 3－4 显示，1995—2000 年，西部林地面积减少 89.1 万公顷，草地面积减少 235.3 万公顷。但 2009 年未利用土地占西部地区土地总面积的 28.48%，其中相当部分为沙漠、戈壁和裸岩；草地面积占西部地区土地总面积的 37.97%，主要分布在我国西藏和西北地区；林地面积占西部地区土地总面积的 26.21%，主要分布在我国内蒙古和西南地区；耕地面积占西部地区土地总面积的 6.65%。2009 年西部地区林地总面积和经济林面积得到了一定幅度的增长，但生态功能较强的天然林面积却有所减少。1999—2009 年西部地区草地面积变化不大，但退化草地的面积却在不断增加。

表 3-4　　西部地区耕地、林地、草地变化情况　　单位：万公顷

年份	1999	2005	2009
全国土地总面积	95978	95068.7	95069.3
西部土地总面积	68240.6	67546.4	67546.4
西部未利用/西部土地总面积	33.6%	33.4%	28.48%
草地面积/西部土地总面积	37.3%	38.14%	37.97%
耕地面积/西部土地总面积	7.2%	6.84%	6.65%
林地面积/西部土地总面积	17.3%	24.19%	26.21%

西部地区草地质量持续下降，生态承载能力降低。西部地区草地面积占全国草地总面积的80%以上，畜牧业产值在其农林牧渔总产值中占有很高比例，草原是西部地区最大的生态系统。2009年西部地区草地面积达2.6亿公顷，占全国草地面积的90%以上，内蒙古和新疆的草地面积最多，分别占西部草地总面积的25.6%和19.9%。然而，由于该地区草地生态功能及综合经济价值长期以来未得到重视，退化草地面积和鼠害面积呈不断扩大之势，草地质量下降，导致草地生态承载力降低，超载现象越来越严重。

西部地区的草地是当地人民赖以生存的基本自然资源，对其经济发展起着至关重要的作用。畜牧业产值在其农、林、牧、渔总产值中占有很高的比例，2009年西部地区牧业总产值为5372亿元，占35.49%，高于全国32.25%的平均水平。草地除具有重要的经济价值外，还具有极其重要的生态调节功能。长期以来，草地的生态功能及综合经济价值未受到重视，部分地区把天然草地当作荒地开垦，致使草地面积不断减少。草地鼠虫害得不到有效控制，草地退化加剧。据内蒙古自治区草原工作站统计，2010年内蒙古自治区草原发生鼠害的面积达到9821.68万亩，其中严重危害面积4245.96万亩，接近44%。西部草地面积减少的同时，草地质量也在不断下降，西部各省区的草地承载力大多持续下降，其中内蒙古、新疆、广西、甘肃的承载力显著下降。草地面积减少，功能下降，牲畜饲养量的增加导致草

地超载现象越来越严重。2009 年新疆、广西、宁夏、内蒙古每只羊拥有的草场面积分别为 0.61 公顷、2.65 公顷、2.07 公顷和 0.79 公顷。[①] 2008 年，西藏、内蒙古、新疆、青海、四川和甘肃牲畜超载率分别为 38%、18%、40%、37%、39% 和 39%。这种恶性循环如得不到抑制，必将带来更为严重的后果。[②]

西部地区土地沙化、石漠化问题异常突出。西北地区的土地沙化问题主要表现为沙化土地面积大、分布广，治理难度大。1999 年西部七省区沙化土地总面积为 16255.6 万公顷（内蒙古、甘肃、宁夏、青海、西藏、陕西和新疆七省区统计数据），占全国沙化土地总面积的 90%。与 1986 年相比，1999 年陕西和甘肃沙化耕地面积增幅分别为 19.2% 和 6.5%；陕西、青海、宁夏、内蒙古和新疆五省区的沙化草地面积增幅分别为 55.7%、359.8%、279.4%、85.8% 和 66.7%，增加幅度较大。从沙化程度来看，草地沙漠化的程度较重，严重沙化的草地占全部沙化草地的 59.52%。从 2004 年后，经过多年的治理，有些地区的沙化得到了初步遏制。2009 年甘肃全省沙化土地总面积 1192 万公顷，占全省国土总面积的 28%，沙化土地面积位列全国第五。2009 年新疆沙化土地面积为 74.67 万平方千米，荒漠化土地面积为 107.12 万平方千米，分别占到全国沙化、荒漠化土地总面积的 43.13% 和 40.83%。与 2004 年相比，5 年间新疆荒漠化土地面积净减少 422.53 平方千米，年均减少 84.5 平方千米。新疆沙化土地面积扩展 414.03 平方千米，年均扩展 82.8 平方千米，扩展速度持续减缓。

石漠化是土地劣化演变的极端形式之一，西南地区石漠化危害重、影响大、恢复治理难。主要分布在西南地区的贵州、云南、四川、重庆和广西等。石漠化已是西南地区最突出的生态问题之一。由于石漠化不断加重，严重制约西部地区经济的发展。目前，西部地

---

① 根据 2010 年《中国统计年鉴》的数据计算。

② 《2009 年中国区域发展报告——西部开发的走向》，商务印书馆 2010 年版，第 194 页。

区大多数贫困人口生活在石漠化较为严重的地区，一些区域由于生态环境极度恶化，已不具有基本的生存条件，当地居民不得不移民他乡。

2. 湿地减少、水资源短缺

从表3－5可以看出，总体上西部地区内陆自然湿地占全国内陆湿地的59.2%，其中西部地区特别是青藏区和西北区大约保持着70%的沼泽地和63%的湖泊。西部河流湿地虽然只占全国的37.3%，但多年来由于大规模水土开发，盲目扩建水坝兴修水利，造成西部地区的河流相继断流、枯竭，湖泊面积缩小、干枯或咸化。西北地区需要发展农业，必定要建造大量的水利设施，或者利用地下水打井浇灌，不仅造成河流湖泊的干枯、地下水位的严重下降，还造成地表植被的严重退化，如湖泊、河谷与湿地的退化消失和荒漠化、草地的荒漠化等。

表3－5　2009年西部地区与全国内陆自然湿地资源对比情况

单位：千公顷

	河流	湖泊	沼泽	合计
西部	3060.3880	5273.2550	9568.7290	17902.3700
重庆	31.6235	0.2780	—	31.9015
四川	563.8680	13.3760	342.2980	919.5420
贵州	57.9600	2.2970	5.6900	65.9470
云南	119.7809	96.5380	3.9500	220.2689
西藏	231.1150	2538.6370	2461.7000	5231.4520
陕西	252.0560	7.3000	17.8290	277.1850
甘肃	565.6000	44.3460	521.5000	1131.4460
青海	107.5281	1232.0390	2748.1000	4087.6670
宁夏	104.0760	148.3270	—	252.4030
新疆	200.1878	694.9270	369.5130	1264.6280
内蒙古	607.4590	495.1900	3098.1490	4200.7980

续表

	河流	湖泊	沼泽	合计
广西	219.1340	—	—	219.1340
东部	1562.6860	1143.7210	271.4658	2977.8730
中部	3583.9080	1934.6100	3860.0940	9378.6120
全国	8206.9820	8351.5860	13700.2900	30258.8600
西部占%	0.3729	0.6314	0.6984	0.5916

注："—"表示没有数据。表中数据经过四舍五入处理。

资料来源：《中国统计年鉴》(2010年)。

表3-6中的2004—2009年，西部地区的人均水资源都比全国的人均水资源少。此外，西部地区间的水资源分布很不均衡，西北地区水资源短缺严重，西北地区土地总面积占全国的1/3，水资源总量只占全国的1/8。如西北五省区中年总水资源较西南地区几省要少得多，如2009年宁夏只有8.422亿立方米，人均不超过200立方米。人的生存条件非常恶劣，导致贫困落后。在西部地区国家扶持的贫困县有307个，占全国592个贫困县的52%，农村贫困人口达2300万，占全国贫困人口的1/3。凡是贫困地区，基本上都是水土流失严重地区。水土流失导致生态恶化，土地生产力低下，农业生产条件差，水土流失成了西部地区脱贫致富和经济发展的制约因素。

（四）森林生态功能减退

西部地区面积为686.7万平方公里，其中森林面积约占14.9%。表3-7为西部地区森林资源与全国对比情况，可以看出，西部地区森林面积占全国的一半以上，天然林面积约占全国的2/3，森林蓄积则占全国的60%以上，单位蓄积量远高于东部地区和全国平均水平，这些都表明西部地区森林多为生态功能较强的天然林，森林质量远高于东部等其他地区。但是西部地区的森林分布很不均衡，西南几省的森林覆盖率明显高于西北五省区。

表 3－6　　西部地区与全国内陆水资源对比情况　　单位：亿立方米；立方米/人

	2004 年		2005 年		2006 年		2007 年		2008 年		2009 年	
	总量	人均	总量	人均	总量	人均	总量	人均	总量	人均	总量	人均
重庆	558.76	1789.77	509.78	1827.40	380.32	1356.83	662.96	2357.61	576.90	2040.32	455.92	1600.27
四川	2434.17	2789.87	2922.58	3569.60	1865.84	2278.05	2299.84	2822.58	2489.90	3061.67	2332.16	2857.51
贵州	990.99	2538.42	834.63	2244.40	814.63	2176.13	1054.62	2805.22	1140.70	3019.72	910.03	2397.65
云南	2106.30	4770.78	1846.43	4161.70	1711.67	3832.25	2255.52	5013.94	2314.50	5110.96	1576.60	3459.73
西藏	4665.16	170261.30	4451.07	161170.60	4157.14	149001.40	4321.38	152969.20	4560.20	159726.80	4029.16	139658.90
陕西	309.41	835.13	490.59	1322.70	275.51	739.12	377.03	1007.71	304.00	809.59	416.49	1105.63
甘肃	171.93	656.48	269.60	1042.40	184.59	709.95	228.73	875.86	187.50	714.97	209.02	794.32
青海	606.81	11258.07	876.10	16176.90	569.00	10430.80	661.62	12029.45	658.10	11900.54	895.11	16113.59
宁夏	9.86	167.68	8.53	143.60	10.61	176.75	10.39	171.10	9.20	149.84	8.42	135.51
新疆	855.39	4357.56	962.81	4808.90	953.10	4695.08	863.77	4167.79	815.60	3859.92	754.31	3516.60
内蒙古	437.60	1835.59	456.18	1917.30	411.29	1719.80	295.86	1232.25	412.10	1710.31	378.15	1563.88
广西	1604.52	3281.89	1720.82	3703.80	1881.08	4011.25	1386.26	2922.44	2282.50	4763.15	1484.31	3069.30
西部	14750.90	17045.21	15349.12	16840.78	13214.77	15093.95	14417.99	15697.93	15751.20	16405.65	13449.68	14689.41
中部	5577.87	1347.44	6780.93	1731.48	6311.63	1406.75	5673.50	1388.52	5942.10	1454.42	5827.94	1468.33
东部	3800.73	815.24	5923.12	1294.90	5803.75	1323.96	5163.67	1103.06	5741.20	1279.95	4902.58	1199.33
全国	24129.56	1856.29	28053.10	2151.80	25330.14	1932.09	25255.16	1916.34	27434.30	2071.05	24180.20	1816.18

注：表中数据经过四舍五入处理。

资料来源：《中国统计年鉴》（2005—2010 年）。

表 3－7　　西部地区与全国森林资源对比情况

单位：万公顷；万立方米

	1986 年			2006 年			2009 年		
	森林面积	森林蓄积	森林覆盖率	森林面积	森林蓄积	森林覆盖率	森林面积	森林蓄积	森林覆盖率
西北	2119.65	146637.00	2.78	3545.00	186865.00	13.18	4315.50	201497.00	16.30
西南	3005.86	391058.00	9.00	6318.00	582386.00	24.89	7365.80	625633.00	31.06
西部	5125.51.00	537695.00	4.67	9863.00	769251.00	20.01	11681.30	827131.00	24.91
东部	6402.23	365004.00	61.00	7627.00	476333.00	28.81	3760.90	142896.00	32.36
全国	11527.70	902700.00	12.01	17490.00	1245584.00	18.21	19545.20	1372080.00	20.36
西部占比	44.5%	59.6%	—	56.39%	61.76%	—	59.76%	60.28%	—

注：表中数据经过四舍五入处理。

资料来源：1987 年、2007 年和 2010 年《中国统计年鉴》。

近年来，我国在加快森林资源培育、强化森林资源保护管理、合理利用森林资源方面成绩显著，森林面积、蓄积量继续保持双增长。但就西部地区而言，森林资源所面临的形势依然严峻，主要表现在：森林生态系统总体上呈数量型增长与质量型下降同时并存的局面，森林的生态功能降低，生态系统趋于简单化。森林活立木总蓄积量和单位面积活立木蓄积量均有较大幅度的下降，降幅达 18.96% 和 25.14%。由于多年的采伐，导致林龄结构不合理，生态功能减退。经济林面积增加，天然林、防护林面积下降，森林类型比例朝不合理化方向发展，森林生态系统调节能力下降。森林蓄积面积在持续减少，如 1986 年西部地区森林单位蓄积约为 105 立方米/公顷，而到 2006 年下降为 78 立方米/公顷。森林生态系统功能的退化是西南地区喀斯特石漠化的主要原因，也是西北地区荒漠化和沙漠化的重要标志。

二　自然环境复杂

（一）复杂的地质地貌环境

中国地壳最活跃的部分大多分布在西部地区，包括塔里木地台、中朝准地台的西北部和扬子准地台的西南部以及众多的地槽褶皱系。西部地区的绝大部分被山地、高原和盆地占据，有四大高原、四大盆地，以及众多的山脉。高原盆地地貌各有复杂的形态特征。如内蒙古高原地面坦荡，黄土高原呈现千沟万壑、支离破碎的状态，云贵高原则石灰岩分布广泛，喀斯特地形众多。

（二）以高寒干旱为主的气候条件

西部地区的气候地域差异明显，且气候的水平和垂直差异显著，各种气候特征值的变幅都非常大。青藏高原年平均温度在10摄氏度以下。10摄氏度等温线沿陕西铜川—甘肃天水一线，从青藏高原东部向西南延伸。西北、西南和青藏高原地区，温度分布受地形地貌影响显著。

西部的大部分地区降水量很少，秦岭以南的大部分地区，以及西藏东南部的地区，是降水量最充沛的地区。400毫米降水量等位线沿内蒙古东部地区，经过黄土高原到兰州，再到西藏东南地区。此线以北、以西的西部大部分地区属于干旱、半干旱区及极端干旱沙漠区。其中内蒙古西部、新疆东部及塔里木盆地年降水量低于50毫米。

（三）复杂多样的水文水系特征

西部地区，尤其青藏高原是亚欧大陆诸多河流的发源地，形成了外流和内流并存的水系。与流域气候、地貌等自然条件相适应，西部地区河流具有迥然不同的水文特征。西南地区河网密集、水量丰富，含沙量、输沙量都相对较少；西北地区河流由于沿途损耗较大且接纳支流很少，水量贫乏。

（四）土壤和植被分布的复杂性

西部地区的土壤和植被分布的地带性显著。西部地区的东南高温多雨，生长热带雨林和季雨林，土壤发育为暗红色和黄色砖红壤。在藏东南、云南山地、贵州高原、四川盆地、汉中盆地等亚热带地区，主要植被类型为亚热带常绿阔叶林，还有部分落叶阔叶灌丛、竹林等多种类型，地带性土壤为紫色土、黄壤、山地红壤、黄棕壤等。川西藏东主要植被为针叶林、发育山地灰褐土、山地棕壤等。从青海湟水谷地到内蒙古东部的狭长地带，基本上是温带禾草草原或杂草类草原。新疆在内的西北大部分地区属于干旱荒漠类型。西北干旱区还分布着大面积的沙漠、戈壁和盐湖，几乎完全不长植物。

三 生态环境脆弱

西部地区的生态脆弱区包括西北干旱半干旱农牧交错区，西北干旱绿洲荒漠过渡区，南方石灰岩山地地区，西南山地河谷地区以及藏南山地地区。除了沿海水陆交接地区外，西部地区在这五个生态脆弱区均都涉及，有的完全位于西部地区以内。西部地区脆弱区与经济贫困相关性很强，且互相影响。生态脆弱区长期阻碍着西部地区潜在优势的发挥，不仅成为严重制约西部地区区域发展的主导性障碍之一，而且对西部地区的大开发带来严重困难。

（一）西部生态环境脆弱区的空间分布

西部地区生态环境脆弱区可以分为以下几个区域[①]：

西北干旱半干旱农牧交错区主要分布于内蒙古、陕西、宁夏、甘肃等省区，年降水量为300—450毫米、干燥度为1.0—2.0。生态环境脆弱性表现为：气候干旱，水资源短缺，草地退化，植被覆盖率低，容易受风蚀和人为活动的强烈影响。西北干旱地区重要生态系统类型包括：荒漠草原、疏林沙地等。

西北干旱绿洲荒漠过渡区主要分布于河套平原及贺兰山以西，天山南北广大绿洲边缘区，行政区域涉及新疆、甘肃、青海、内蒙古、陕西等地区。该区的生态环境脆弱性表现为荒漠绿洲过渡区，环境异质性大，自然条件恶劣，温度差异大，年降水量少、蒸发量大；水资源极度短缺，植被稀疏，风沙活动强烈，土地沙漠化荒漠化严重。该区的重要生态系统类型包括：高寒草甸、高山亚高山冻原、荒漠灌丛以及珍稀、濒危物种栖息地等。

西南喀斯特岩溶地貌生态脆弱区主要分布于西南石灰岩岩溶山地区域，涉及四川、贵州、云南、重庆、广西等省（市、区）。该区生态环境脆弱性表现为：全年降水量大，水侵蚀严重；山地土层薄，水土流失严重；滑坡、泥石流灾害频繁发生。该区的重要生态系统类型

① 环境保护部：《全国生态脆弱区保护规划纲要》，2008年。

包括：典型喀斯特地貌。

西南农牧交错生态脆弱区主要分布于青藏高原向四川盆地过渡的横断山区，涉及四川的阿坝、甘孜、凉山等州，云南的迪庆、怒江、丽江以及贵州的六盘水等40余个县市。该区生态环境脆弱性表现为：地质结构复杂，植被稀疏，区域生态退化明显。该区重要生态系统类型包括：亚热带森林草地生态系统、亚热带高山高寒草甸及冻原生态系统。

青藏高原复合侵蚀生态脆弱区主要分布于雅鲁藏布江高寒山地沟谷地带、青海三江源地区和藏北高原等。该地区生态环境脆弱性表现为：自然条件严酷，地势高寒，气候恶劣；植被稀疏，具有风蚀、水蚀、冻蚀等多种土壤侵蚀现象。该地区重要生态系统类型包括：高原冰川、冻原生态系统、高寒草甸生态系统、高山灌丛化草地生态系统，高山沟谷区河流湿地生态系统等。

（二）生态环境脆弱的效应分析

1. 草地退化、土地沙化面积不断扩大

2005年西部八个省区的沙漠化土地占中国各类沙漠化土地的96.3%。其中北方天然草地中的60%以上分布在农牧交错区，中度以上沙化面积已占草地总面积的53.6%，每年沙化扩展速度平均在200万公顷，成为我国北方重要沙尘源区。[①] 新疆草地退化率从1980年的5.83%增加到2008年的80%左右，退化面积从466.67万平方千米增加至4580万平方千米，不到30年的时间，退化面积扩大近9倍，2008年严重退化面积占37%。[②] 新疆全区绿洲外围的绿洲—荒漠过渡带以及农—牧交错带的生态环境质量仍有恶化趋势，全区草地载畜量严重超载，草地退化严重。2010年内蒙古在6534万亩可利用草场中，退化草场3037万亩，包括重度退化169万亩以及沙化51万亩、盐渍化353万亩。科尔沁草原沙化严重，呼伦贝尔正在退化中，锡林郭勒

---

① 环境保护部：《全国生态脆弱区保护规划纲要》，2008年9月。

② 董智新、刘新平：《新疆草地退化现状及其原因分析》，《河北农业科学》2009年第4期。

盟境内的这些草原现也在沙化和退化。草地退化导致防风固沙等生态服务功能减弱，土地风蚀作用加剧，土地沙化程度加速，草地生物多样性受到严重威胁，影响了我国生态安全屏障的建设。

2. 水土流失严重，土壤侵蚀强度大

进入20世纪90年代，由于过度开发，水土流失面积平均每年净增3%以上。西南石漠化地区，每年流失表土约1厘米，流入江河的泥沙总量40亿—60亿吨。① 2009年西部地区水土流失面积占全国的比例为47%，接近一半的水平。西部近两年水土流失十分严重，且治理效果较差。西部地区分布着全国487个水土流失严重县，占总数的65.4%。西南地区由于水土流失造成的土地石漠化不断加剧，有些地方表层的土壤已全部流失。此外，大量泥沙进入水库、湖泊和河流，导致水库的灌溉、发电效益大幅度下降，加剧了下游地区的洪涝灾害。此外，水土流失还加重了水源污染，对居民饮水安全构成威胁。

3. 自然灾害频发，地区贫困不断加剧

西部生态脆弱区每年因泥石流、山体滑坡、洪涝灾害、沙尘暴等灾害所造成的直接经济损失为2000多亿元人民币。② 从总量数据变化情况看，2001—2009年，西部地区贫困人口比例从61%增加到66%，民族地区八省从34%增加到40.4%，贵州、云南、甘肃从29%增加到41%。从地区分布看，贫困人口主要分布在西部地区。2005年年末东部、中部、西部、东北地区贫困人口分别为142万、668万、1421万、134万，贫困发生率分别为0.4%、2.4%、5.0%、2.4%。从分省来看，西部省份贫困发生率相对较高，其中，青海省贫困发生率在10%以上，内蒙古、贵州、云南、西藏、陕西、甘肃、新疆七个省（区）贫困发生率在5%—10%，全国绝对贫困人口的95%以上分布在生态环境极度脆弱的老少边穷地区。我国现有国家级贫困县592个，东部72个，中部154个，西部366个，西部国家级贫困县所占比重为61.8%。西部地区贫困人口占农村贫困人口的60.1%。由于

---

① 环境保护部：《全国生态脆弱区保护规划纲要》，2008年9月。

② 同上。

西部地区环境脆弱，自然灾害频发，防灾抗灾能力不足导致许多生态环境脆弱区经济社会发展滞后，农牧业生产受灾害威胁十分严重。

4. 气候干旱，水资源短缺，资源矛盾突出

西北地区常年干旱，降雨稀少，由于水土资源的不合理开发，沙漠、戈壁面积不断扩大，土地沙化、草场退化、天然绿洲消失，不仅造成西部地区生态系统日趋恶化，而且对东部地区及其他地区的自然环境也产生许多不利影响。西北地区一些有限的水资源得不到有效开发和合理利用。特别是干旱边远地区，缺少必要的水利设施。西北地区主要灌区的灌溉定额亩均用水量高达1000多立方米，普遍高于全国平均水平，漫灌效果低，单方水生产粮食为0.4千克，不足发达国家的1/4。西南地区水资源丰富，但利用效率低。由于生产手段落后、工程不配套，农业灌溉和工业生产用水效率低、浪费现象十分严重，西部工业用水万元产值耗水量也高于中东部地区。西南地区水污染问题日渐突出，部分河流等水环境恶化，污染相当严重，加重了西部地区的缺水状况。

5. 湿地退化，调蓄功能下降，生物多样性丧失

由于人口的迅速增长和经济利益的驱动，西部不少地区河流上游及湖泊周边地区滥垦、滥伐、滥牧，造成西部地区湿地减少，同时西部地区湿地不同程度地盐碱化，甚至沙化。过度的和不合理的用水也使湿地供水能力受到重大影响，导致下游缺水，大量植被死亡。

如黑河流域近50年来，由于人口增加导致的资源过度消耗，黑河上游水域面积减少了约30%之多。新疆博斯腾湖由于上游修建灌溉工程，导致入湖水量锐减，且在短短的十多年内就由淡水湖演变成咸水湖，水面减少120平方公里，水位降低3.54米。由于湖面缩小，水深日益变浅，底泥淤积严重，湖泊朝沼泽化方向发展，异龙湖大约已形成近133公顷的沼泽地。西北地区因蒸发量大，湿地退化后旱化、盐碱化现象非常普遍。如甘肃敦煌地区，20年前有大面积的沼泽和多个季节性湖泊，草甸发育良好，但后因水渠衬砌，影响自然渗漏，导致地下水位下降，现已全部退化为盐碱地。黑河下游的居延海干涸后，湖床全部盐碱化。湿地发生盐碱化或沙化后，面积缩小，水

量减少，从而导致湿地自然调节能力下降，功能衰退。①

6. 各种损失严重、经济发展相对滞后

人类活动的过度干扰是直接成因。我国环境污染损失约占 GDP 的 3%—8%，生态破坏约占 GDP 的 6%—7%。荒漠化每年给西部地区造成的经济损失高达 540 亿元。水土流失给我国造成的经济损失约相当于 GDP 总量的 3.5%。2009 年，新疆干旱等极端天气造成的经济损失达 22 亿元。1999—2008 年，西部地区生产总值由 1.53 万亿元增加到 5.83 万亿元，年均增长 16.0%，占全国 GDP 的比重由 17.2% 提高到 19.4%。西部长期以来依靠自然资源、土地投入为主来推动经济发展，农业、采掘业及原材料工业构成其发展的支柱产业，但主导功能不明显，对地区经济发展的带动力不强。尽管西部地区资源能源丰富，但开发基础条件差，资源优势正在被逐渐削弱。西部经济的发展，走的还是高消耗、高成本、高速度、低效率的路子，西部在市场上具有竞争优势的特色产业还未真正完全发展起来。

（三）原因分析

造成西部生态脆弱区难以恢复的原因除自然生态基础脆弱外，人的非理性行为是直接成因。其主要表现在：

西部地区粗放的经济增长方式。西部地区资源产出效率较低，能耗和水耗较高，污染物排放强度较大，治理效果甚微。2005 年西部地区单位 GDP 能耗为 2.34 吨标准煤/万元，2009 年为 1.95 吨标准煤/万元，虽然近几年一直在降低，但还是比全国平均水平要高，2009 年全国单位 GDP 能耗为 1.17 吨标准煤/万元。对于碳排放强度，2006 年宁夏、贵州和内蒙古居于高排放强度行列，其中宁夏的排放强度高达 9.21 吨二氧化碳/百万元 GDP，而处于低位的海南省的排放强度不足 0.74 吨二氧化碳/百万元 GDP，宁夏的排放强度达到海南的 12.5 倍。排放强度的分布趋势总体上表现出西北和西南地区高，而中东部地区低的特征，东南华南沿海一线的排放强度明显处于全国较低的水平。2007 年宁夏、甘肃、新疆、陕西、内蒙古五个省、自治区为高碳

① 环境保护部：《全国生态脆弱区保护规划纲要》，2008 年 9 月。

排放区，万元 GDP 二氧化碳排放在 4 吨以上，而东部沿海地带万元 GDP 二氧化碳排放在 0—2.5 吨。表 3－8 显示西部地区工业“三废”排放强度不但高于全国平均水平，而且也高于东部和中部地区。高能耗、高排放、高污染的产业在西部地区产业结构中仍占较大比重。

表 3－8　2009 年各地区工业“三废”排放强度

	工业废气排放强度	工业废水排放强度	工业固体废物排放强度
东部	1.00 立方米/元	5.83 吨/百万元	0.38 吨/百万元
中部	1.27 立方米/元	6.71 吨/百万元	0.72 吨/百万元
西部	1.69 立方米/元	7.89 吨/百万元	0.89 吨/百万元
全国	1.19 立方米/元	6.42 吨/百万元	0.56 吨/百万元

资料来源：根据 2010 年《中国统计年鉴》计算而得。

生态环境承载超载已成为生态脆弱区退化的主要原因。草地的长期过牧，过度开垦，引起草地功能减退；水资源利用率低导致干旱区土地沙化；森林资源过量砍伐引发大面积水土流失等。据测算，2008 年宁夏资源环境承载力供给量仅为 0.60，而资源环境承载力需求量为 1.39，超载 0.79，为西部超载最为严重的省份，宁夏的经济水平为西部最为落后的省份之一。新疆、甘肃、贵州、青海、重庆、广西的资源环境出现了不同程度的超载，贵州超载 0.26，新疆超载 0.32，重庆超载 0.24，甘肃超载 0.15，广西超载 0.05，青海超载 0.03。

西部地区对生态保护与治理的监测与监管能力低下。由于部门分割、协调不力，生态保护的行政干预严重，导致监测与监管效率低下。相关政策法规、技术标准不完善，一些地区的经济发展不考虑生态环境的保护与治理，导致经济社会发展与生态保护矛盾突出。生态保护投入强度低，生态保护科研水平、技术水平落后，特别是落后的生态环境监测、评估与预警技术，难以为生态环境管理与决策提供良好的技术支撑。

最后，西部地区的生态保护意识比较薄弱。西部地区教育水平、人的素质与东部地区差异较大，环境保护宣传滞后。一些地方政府“重发展，轻保护”的思想还不在少数，单纯地追求经济利益。一些企业或个人受经济利益驱动，破坏生态，污染环境十分普遍。社会公众环境保护意识薄弱，对环境危机认知不足，存在传统的生活消费观念，缺乏主动参与环境保护和积极维护生态环境的思想意识。

第二节　经济社会维度的生态问题

一个地区的全面发展，必定存在经济与资源环境承载的矛盾，存在经济发展与环境保护的矛盾，我们只有抓住矛盾，分析问题的所在，才能在时间和空间上实行资源的合理分配，保证区域间的公平性，才能真正解决矛盾。

一　经济发展与环境承载力矛盾突出

环境承载力，是指一个国家或地区在一定时期生态环境所能承载的社会经济总量的能力。① 借助生态经济学理论，在人类无限欲望的驱动下，经济发展对生态环境的需求超过了生态系统的供给，在生态供给和经济发展需求之间就产生了结构性、功能性的失衡。本小节从生态系统的资源环境供给与经济发展的需求的矛盾入手，科学地对西部地区资源环境承载力进行评价，以探求解决经济发展与环境承载力的矛盾。

（一）资源环境承载力评价

资源环境承载力评价方法主要有状态空间法、生态足迹法、AHP法等。本小节构建多指标综合评价模型，使用 AHP 方法对西部地区资源环境承载力进行评价。在指标选取上，资源环境承载力需求量是指影响资源环境承载力的所有不利因素在一特定时期内，对承载力产生的需求的大小，用资源需求和环境压力来表征；资源环境承载力供

---

① 张彦英、樊笑英：《生态文明建设与资源环境承载力》，《中国国土资源经济》2011年第4期。

给量则是指影响资源环境承载力的所有有利因素在一特定时期内，能够提供的承载力的大小，用资源禀赋与环境容量来表征。[1] 本书以西部 12 个省（市、区）为评价对象，采取资源需求与环境压力、资源禀赋与环境容量进行指标体系的设计，并借鉴了相关研究，以科学反映西部地区的资源环境承载力。在计算评价之前，先确定指标的权重并对数据进行无量纲化处理，如表 3－9 所示。

表 3－9　　环境承载力评价指标体系及其权重

环境承载力供给量			环境承载力需求量		
资源禀赋	水资源总量	0.14	资源需求		
	耕地面积	0.10		人口总量	0.15
	建设用地面积	0.10		人均 GDP	0.15
	林地面积	0.07		万元 GDP 用水量	0.10
	草地面积	0.07		万元 GDP 能耗	0.10
	森林覆盖率	0.10			
	湿地覆盖率	0.08			
环境容量	绿化覆盖率	0.08	环境压力	万元 GDP 工业废水排放量	0.10
	环境保护经费占 GDP 比重	0.07		万元 GDP 工业废气排放量	0.10
	工业废水排放达标率	0.05		万元 GDP 工业固体废物排放量	0.10
	工业二氧化硫去除率	0.05		自然灾害发生频率	0.10
	工业固定废物综合利用率	0.05		环境污染与破坏事故次数	0.10
	自然保护区比例	0.04			

（二）评价结果分析

我们从表 3－10 的计算结果可以看出，2003 年和 2009 年西部地区资源环境承载力总体不容乐观。首先从地域分布看，只有西藏地区是可载的，其次内蒙古是轻微超载，其余都是超载的，而 2003 年严重超载的有 4 个，分别为广西、贵州、陕西和宁夏，均处在环境脆弱地区。2009 年严重超载有 5 个，分别为广西、贵州、甘肃、重庆和宁

① 邱鹏：《西部地区资源环境承载力评价研究》，《软科学》2009 年第 6 期。

表 3－10　　2003 年和 2009 年西部地区环境承载力评价结果

地区	2009 年					2003 年				
	承载力供给量	承载力需求量	承载力盈余量	承载力状况	排名	承载力供给量	承载力需求量	承载力盈余量	承载力状况	排名
内蒙古	0. 9299	0. 9497	0. 0198	轻微超载	2	0. 8544	0. 8977	0. 0433	轻微超载	2
广西	0. 5296	1. 0551	0. 5256	严重超载	10	0. 5036	1. 5726	1. 0689	严重超载	12
重庆	0. 3413	0. 9530	0. 6117	严重超载	11	0. 3218	0. 7071	0. 3853	超载	7
四川	0. 7490	0. 8703	0. 1212	超载	3	0. 6912	1. 0822	0. 3910	超载	8
贵州	0. 4034	0. 8574	0. 4540	严重超载	8	0. 3975	0. 9500	0. 5525	严重超载	10
云南	0. 6299	0. 8105	0. 1807	超载	4	0. 6458	0. 9213	0. 2755	超载	4
西藏	1. 8023	0. 3858	-1. 4165	可载	1	1. 7801	0. 4288	-1. 3513	可载	1
陕西	0. 4677	0. 7513	0. 2836	超载	5	0. 4083	0. 8563	0. 4480	严重超载	9
甘肃	0. 4519	0. 9749	0. 5230	严重超载	9	0. 4829	0. 8017	0. 3188	超载	6
青海	0. 4740	0. 8228	0. 3488	超载	7	0. 3754	0. 6546	0. 2792	超载	5
宁夏	0. 2018	1. 0475	0. 8456	严重超载	12	0. 1558	1. 0248	0. 8690	严重超载	11
新疆	0. 6435	0. 9427	0. 2992	超载	6	0. 627	0. 8575	0. 2305	超载	3

注：表中数据经过四舍五入处理。

资料来源：根据 2010 年、2004 年《中国统计年鉴》的相关数据计算而来。

夏。我们发现重庆在资源环境承载需求方面比2003年增加过快，而资源承载供给方面则变化不大，导致重庆的资源环境严重超载。从时空上，除了重庆和甘肃以外，2009年的承载力程度大部分比2003年低。说明各地区在生态保护、环境治理方面做出了巨大的努力，但我们不能掉以轻心，有的地区的承载力反而进一步恶化，说明环境承载力非常严峻。

西部地区资源环境承载力总体不容乐观，这种状况限制了经济转型的质量与速度。虽然局部地区资源环境承载力状况有些转好，但大部分省市的承载力是超载的，有些省市的资源环境进一步恶化。此外，相对于发达地区，西部地区经济增长方式还相对粗放，资源环境承载力面临较大的压力。例如，2007年能耗最低的三个省份分别为北京、广东和浙江，能耗分别为0.6吨标准煤/万元、0.68吨标准煤/万元和0.7吨标准煤/万元。而2009年西部地区万元GDP能耗排名最高的省份为宁夏、青海和贵州三省，能耗分别为3.4吨标准煤/万元、2.7吨标准煤/万元和2.3吨标准煤/万元，广西的能耗最低为1.1吨标准煤/万元。可见，能耗较低的西部省份与全国领先省份的能耗指标相比，差距还是比较大的。西部地区特别是经济发展水平较低的省份如贵州、青海、甘肃、广西和宁夏等要同时实现环境承载力提高和经济增长成功转型的难度依然不小。西部地区正处在经济高速发展、工业化、城镇化、现代化步伐不断加快的过程中，经济建设水平和人民生活水平都取得了前所未有的进步，对资源环境承载力的需求量必将逐年增加，但供给量在短期内又无法实现快速的提升（如重庆）。经济发展对资源环境的需求与资源环境的供给方面存在巨大的矛盾。

环境的脆弱阻碍了环境承载力的提升，降低了可持续发展的能力。脆弱的生态环境，加上人为因素，严重破坏了原始生态。一方面降低了对经济获得资源的供应；另一方面生态资源的脆弱性使其所具有的调节功能丧失或降低，进一步造成自然灾害损失严重。这种退化又是不可逆的，实质上就是经济社会发展的不可持续性。典型的就是植被破坏、沙漠化、石漠化、水土流失加剧、湿地破坏、原始森林减少。这种破坏即使通过一些措施进行修复，也很难恢复到原有水平。近几年，极端天气、地质灾害等情况呈现加剧现象，而且造成的损失也越来越大，对经济的可持续增长产生影响。资源环境的脆弱性难以修复与经济的可持续发展存在矛盾。

生态环境恶化抑制了经济社会发展，进而阻碍了人力资本的提高与技术进步，反过来又限制了经济增长方式的转变，生态环境保护与治理。环境越恶劣的地方，人越不能受到良好的教育，人力资本与技术水平越低，经济增长越慢，环境改善也越慢。区域生态环境恶化以“劣币驱逐良币效应”为方式，把具有良好经济实力和文化素质的居民“驱逐”出区域，并使人才、技术和资金也随之流失，资源配置效率、技术效率水平低下，经济增长动力不足。西部地区生态环境恶劣，西北沙漠化，西南石漠化，交通基础设施落后，人才匮乏，体制改革滞后等原因，使西部地区的投资环境明显劣于东中部。这样的环境条件使西部在吸引外部资源方面严重滞后于东中部。因此，生态环境的恶化阻碍或降低了经济增长因素的作用。

西部地区的经济增长类型依然过度依赖资源，“高投入、高污染、高消耗、低效益”的粗放式增长，不仅使经济增长缺乏后劲，而且也使西部的生态环境承载力不断降低，环境污染越来越严重，局部环境变得更加脆弱。长期以来的粗放式经济增长虽然使西部经济快速发展，但也使西部生态环境问题更加恶化。就污染绝对总量而言，虽然西部地区污染没有东部地区严重，但西部地区污染排放强度大大高于东部地区。这主要是由于西部的工业多以能源和原材料为主，初级加工且污染治理水平较低的缘故。西部地区主要有煤炭、电力、石油化工、天然气、有色金属、盐化工和磷化工等污染密集型产业，造成严重的大气污染、水污染和固体废弃物污染，从而形成了“高消耗、高排放、高投入、低效益”的经济增长方式，加之生产技术、绿色技术、循环利用技术落后，污染治理水平低下，污染强度高。随着东部地区产业结构调整，东部地区以及世界高污染、高能耗的产业不断向西部地区转移，生态环境压力越来越大。

不合理的经济行为不仅加剧了资源的消耗、环境的恶化，而且使经济与资源环境承载力矛盾进一步突出。历史中已有很多例子说明，违背生态规律的人类行为不但对生态环境造成难以挽回的灾难，而且造成了代际贫困。在国内，北方荒漠化中的人为原因有水资源利用不当占10%，过度樵采占32%，过度农垦占27%，过度放牧占31%等。2009年西部水土流失的面积占全国的47%，新增的水土流失面积占全国的比例达到了57%。而西部地区的荒漠化土地占全国比重达到97%，沙化土地占全国比重也接近了96%。由于水资源利用不合理，地下水超采，灌溉不当等引起的水土流失、土地荒漠化沙化已十分严重；由于过度放牧、滥垦、滥牧、滥伐，造成草地、林地与湿地的退化现象令人触目惊心。

二　经济发展与环境保护矛盾加剧

（一）经济发展与环境保护关系的理论基础

经济发展与环境保护的关系可以从哲学角度和经济学角度进行解释：

从哲学视角，生态环境保护与经济发展是既对立又统一的矛盾双方。资源是有限的，经济增长是无限的。资源环境承载的有限性与经济增长的无限扩张性的矛盾是客观存在的。经济增长对资源环境的需求不断增加，同时生产、消费过程中的各种污染超过了环境资源系统自身的修复能力，生态平衡被破坏，整个生态系统的恶化，生态脆弱性加剧。生态系统的恶化或者恢复过慢又反过来阻碍经济的发展，资源短缺、环境污染、生态破坏以及生态保护与治理必然成为经济发展的机会成本。在两者矛盾运动过程中，不能只重视生态建设而轻视经济增长，否则生态保护与治理缺乏必要的经济支撑；也不能先发展后治理，否则经济建设缺乏必要的生态保障。从主要矛盾和次要矛盾考虑，当经济增长水平较低时，发展经济为矛盾的主要方面，但也不能轻视生态保护；当经济增长水平较高时，生态环境保护就上升为矛盾的主要方面，但也不能不重视经济增长。这要求首先明确两者所处的状态，也就是不能脱离实际分开看两者的关系，不能简单地割裂两者的关系，不能孤立静止地看待经济发展与环境保护的问题。我们要辩证地看待两者的关系，促使经济发展与生态环境协调统一。

经济学是一门研究资源配置的科学，但不研究人与人之间的关系，是以人的利益最大化、自私自利为前提假设的，所以它不会从根本上关心经济发展中的环境问题，因为环境保护必然要增加企业、人的成本，所以生态保护价值观在市场经济下显得不怎么重要。在环境污染与环境保护上，市场失灵理论指出产权不清晰，生态环境要素的产权不清晰，对资源环境的开发、利用和保护的责、权、利是模糊的，不考虑社会的边际成本，如“囚徒困境”，个体的利益损害了集体的利益，造成严重的负外部性问题。某些生态资源属于公共品性质，个人对生态环境的保护是无利可图的，经济主体缺乏环境保护的激励。同时由于外部性，政府应该起到相应的作用。即在纯粹的市场机制无效的情况下，需要政府的管制。

但在实施的过程中，也存在矛盾，政府要规制污染，加大环境保护，必然要加大企业成本，短期内加剧了企业负担，进而影响了地方的税收和就业水平。在我国地方政府短期的任职过程中，地方政府偏重于经济增长导向的绩效考核机制，是优先考虑经济增长的，然后再考虑环境治理与保护。在晋升激励的措施下，政府必然会把有限的资金投入经济增长的要素上，而投入环境保护的资源就不会太多。因此，地方政府为了在所辖区域内争取得到更多的投资，不得不与其他地方城市、其他省份在吸引实现经济增长所需的生产要素方面进行竞争，国内学者将其界定为地方政府之间为争夺中央政府分配的政策和经济资源展开的“兄弟竞争”。[①] 所以地方政府为了追求自身利益最大化，将展开各种博弈关系。[②] 地方政府竞争具有正效应：促进资源有效配置、激励地方政府提高经济绩效、有效提供公共物品；当然也具有负效应：地方保护、环境污染、重复投资等。[③] 地方政府过度放松环境管制水平，导致环境污染，发达地区的高污染产业向内地转移

---

① 樊纲、张曙光：《公有制宏观经济理论大纲》，上海三联书店 1990 年版，第 53 页。

② 周黎安：《晋升博弈中政府官员的激励与合作——兼论我国地方保护主义和重复建设问题长期存在的原因》，《经济研究》2004 年第 6 期。

③ 蒋满元、梁素萍：《地方政府竞争过程中的双重效应问题探讨》，《湖北经济学院学报》2010 年第 1 期。

的现象（小化工厂、小炼铁厂、小造纸厂等在西部县级城市遍地开花）。

（二）西部地区经济发展与环境保护矛盾的具体体现

新中国成立以来，西部地区经济发展一直是对生态环境的索取，环境治理与保护措施很少。如 1958 年“大跃进”对森林资源的掠夺式砍伐。“三线”建设过程中，重工业的快速发展加快了对西部资源的掠夺，加上落后的技术，导致资源利用率低下。由于西部地区人口膨胀，多处于贫困地区，毁林垦荒、乱砍滥采、破坏植被、陡坡耕地等不合理的开发利用行为加剧了西部地区水土流失和草原沙化问题。改革开放后，西部地区的经济发展过度依赖于资源型、高能耗、高污染的产业，西部地区的生态环境进一步恶化。这些历史、现实原因使西部地区生态环境保护工作十分艰巨。

根据库兹涅茨环境曲线，现在西部地区的人均收入没有达到临界值的情况下，经济增长与环境保护的矛盾在加剧。在一定的环境保护措施下，要尽快跨越不利于环境保护的发展阶段，抵达有利于环境保护的发展阶段。

第一是经济发展与环境保护投资的矛盾。对于西部地区，是加速经济发展速度与质量，还是加重环境保护投资，这是个“两难”困境。“十一五”期间，西部地区的地方生产总值占全国的比重逐年提高，五年间其所占的比重分别为 17.33%、17.58%、18.14%、18.33%、18.68%。虽然西部地区经济高速增长，但质量不高。2006 年西部地区区域经济发展质量都较低，只有重庆排在全国第 13 名，其他都在 15 名之后，宁夏更是最后一名，也印证了宁夏的资源环境承载力是多么的差。[①] 图 3－2 的数据从侧面还说明，尽管经济高速增长，但环境保护程度没有和经济增长水平相适应。西部地区环境污染治理投资总额有所升高，但强度不大，占全国比例还较低。2009 年西部环境污染治理投资总额为 883.5 亿元，占全国环境污染治理投资总

① 中国科学院可持续发展战略研究组：《中国可持续发展战略报告（2006）》，科学出版社 2006 年版。

额的 19.5%。西部环境污染治理投资强度（环境污染治理投资总额/西部地区 GDP）为 1.32，略低于全国水平 1.33。

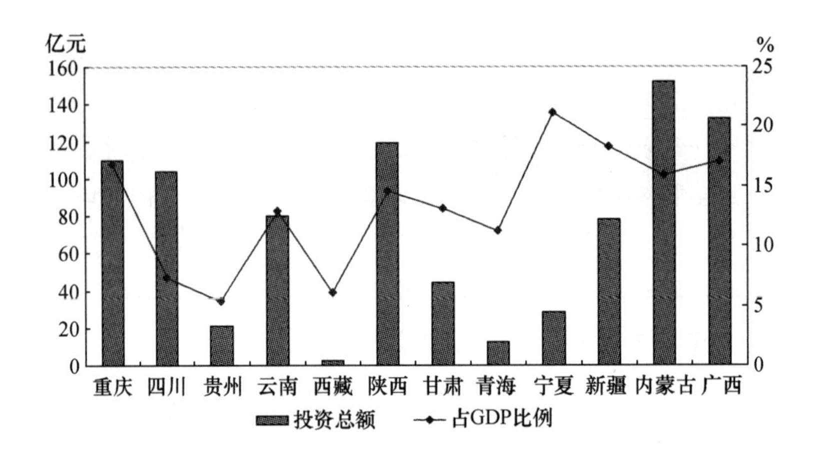

图 3－2　2009 年西部各地区环境污染治理投资总额及比例

资料来源：《中国环境统计年鉴》（2009 年）。

第二是工业污染治理投资也有所上升，但还不足，投资结构不合理。从环境保护投资结构来看，工业污染防治和城市环境基础设施建设所占比例较大。图 3－3 显示西部大开发之前，用于工业污染防治的投资水平较低。自西部大开发以来，环境保护投资显著增长，但与全国同期投资额相比还比较低。2005 年西部地区投入工业污染防治总额共计 75 亿元，仅占全国投资额 458 亿元的 16.38%，到 2009 年，比重有所上升达到了 26.8%。

第三是西部地区在城市环境基础设施污染防治领域的投资不足情况更为突出。随着城市的加速发展，生活污水和垃圾等城市生活型环境污染逐步成为西部地区环境污染的主要问题。由于城市污染处理设施严重滞后，对资金形成巨大需求。2009 年西部地区城市环境投资为 491.1 亿元，占污染治理总投资的 55%，而同时期东部已经达到了 63%。西部城市污水处理率只有 69.3%，生活垃圾无害化处理率为 72.3%，而东部分别达到 80.7% 和 81.5%。可想而知，西部地区城市环境基础设施领域的投资资金短缺问题非常严重。

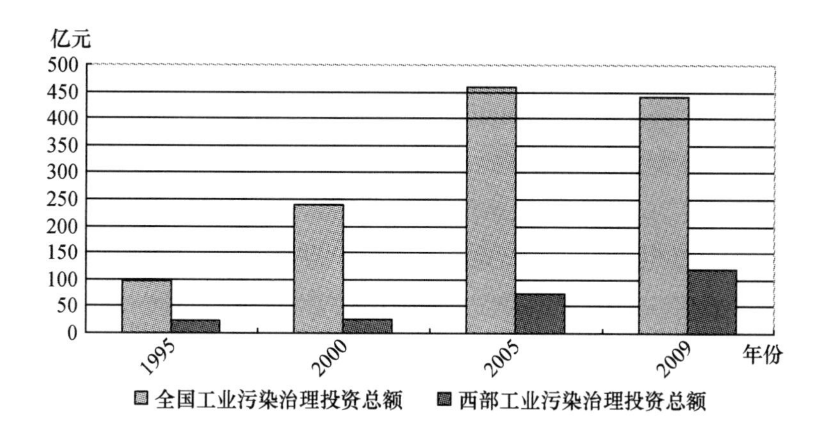

图 3－3　1995—2009 年全国、西部工业污染治理投资总额

资料来源：1996 年、2001 年、2006 年、2010 年《中国环境统计年鉴》。

第四是投资效率不高。从表 3－11 可以初步地判断，虽然西部地区环境保护投资总额在不断地上升，占 GDP 的比重也有所上升，但西部地区工业“三废”整体上也在不断地攀升，说明西部地区的环境保护投资的增加没有进一步地降低环境污染，投资效率较低。环境保护投资效率低主要还表现在城市污水与垃圾处理能力上，基础设施建设不足和污染处理运营管理的效率不高，将导致环境保护投资效率不高。表 3－12 显示，西部地区城市污水处理与生活垃圾无害化处理能力均比东部地区要低，差距明显。根据上述分析，西部环境污染防治的相对投资水平与全国相比并不算低，但西部落后的经济水平制约着环境保护投资的绝对水平，远低于全国平均水平。相对于西部生态环境保护与治理的实际需要，环境保护投资水平还远远不够，存在巨大的环境保护资金缺口。

表 3－11　　西部地区环境保护投资与工业“三废”的关系

年份	环境保护投资总额	工业废水排放量（万吨）	工业废气排放量（亿标立方米）	工业固体废物排放量（万吨）
2003	282.1	482118	44753	27617.0
2004	352.1	489198	59765	32197.0

续表

年份	环境保护投资总额	工业废水排放量（万吨）	工业废气排放量（亿标立方米）	工业固体废物排放量（万吨）
2005	388.7	535519	59379	38073.0
2006	447.1	510878	80285	44423.0
2007	555.9	554747	104519	53141.7
2008	666.9	571557	96537	55661.0
2009	887.0	528249	113640	59600.3

资料来源：2004—2010 年《中国环境统计年鉴》。

表 3-12　　城市污水处理与生活垃圾无害化处理能力

年份	城市污水处理能力（万立方米/日）		城市生活垃圾无害化处理能力（吨/日）	
	东部	西部	东部	西部
2003	2828.0	568.0	125811	37325
2005	3642.2	917.4	147471	49794
2007	4372.3	1154.6	162228	50793
2009	5464.7	1488.8	202320	69934

资料来源：2004—2010 年《中国环境统计年鉴》。

第五是西部地区环境保护技术创新能力不足。我国西部地区区域科技创新能力严重不足，科技资源匮乏，科技产出和科技贡献率较低，除了陕西（第 8 位）、重庆（第 11 位）区域科技能力排序较高外，其他地区科技创新能力都排在中下游，其中内蒙古、新疆、青海、宁夏、贵州、西藏分别排在倒数第六位至倒数第一位。[①] 由于西部地区区域科技创新能力不足，资源节约利用与环境保护技术难以得到突破，开发新材料技术和新能源技术能力低下，导致西部地区无法依靠采用先进的生产工艺和技术来降低资源消耗，减少资源损失与浪费，资源得不到有效利用和重复利用，单位产品能耗一直维持在高位

① 盖凯程：《西部生态环境与经济协调发展研究》，博士学位论文，西南财经大学，2008 年。

运行，难以摆脱自然资源对西部经济发展的“瓶颈”制约；此外，西部污染治理技术、退化生态系统恢复技术等环境保护技术创新能力的不足，使其无法降低污染处理设施的工程造价和运行费用，在现有的生产成本约束下，难以降低污染物的生成排放量，更难以对生态保护区进行有效的保护。

第六是跨地区污染转移趋势增加。我国西部地区作为发展中国家的落后地区，更容易被污染转移所影响。外商利用我国环境政策法规漏洞向西部地区转移重污染行业。为了降低成本，一些能耗高、产品附加值低、污染重的落后产业必然向西部转移。在西部大开发战略下，大部分西部地区面临经济快速、超越发展的压力，对引进投产“成本低”、经济“效益”明显的落后产业需求巨大。于是在相关体制、机制缺位的情况下，西部一些地区盲目招商引资，大力引进污染型产业，形成了新的环境压力。这一点从东西部地区近年来环境污染与破坏事故的变动趋势也可以得到初步验证。1999 年以后西部地区的环境污染与破坏事故次数明显多于东部。图 3－4 显示，从整体变动趋势看，东部发达地区的环境污染与破坏事故次数呈递减趋势，而西部欠发达地区的环境污染次数与破坏事故次数呈稳中上升的趋势。但在近两年内，西部地区对环境保护工作更加重视，环境污染与破坏事故有所下降。

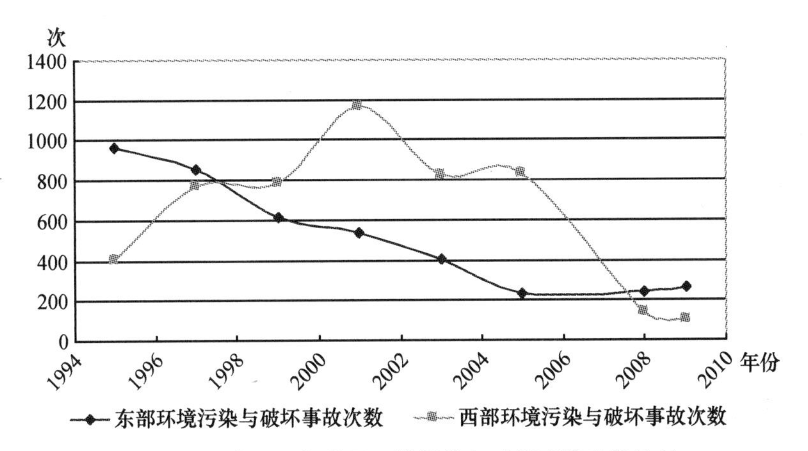

图 3－4　东、西部地区环境污染与破坏事故次数比较

资料来源：《中国环境统计年鉴》（1996—2010 年）。

三　生态保护与生态治理优势与挑战并存

生态保护与治理不仅体现了人与自然的矛盾，也体现了人与人之间利益的矛盾。主要表现在，首先，人与自然的关系是生态环境保护与治理的哲学基础和理论指导，它涉及人们对生态环境保护的观念和态度，有怎样的认识观念就会产生怎样的行为。其次，生态环境保护与生态治理最终要处理人与人之间的利益矛盾。现实中，西部的生态环境破坏不仅仅是人们对自然环境破坏的结果，实质上它还涉及了地区间、中央与地方间、民族间、代际等利益关系。所有这些关系都涉及一个核心问题：西部生态保护与治理责、权、利不清。因为生态保护与治理涉及的“环境”是部分公共产品的属性，长期以来被认为无价的，导致了“搭便车”、推卸责任的行为广泛存在，各相关利益主体的生态利益发生了严重的冲突。

随着西部地区经济的高速增长，城市和农村人均收入的增加，城市化进程的加快，西部地区逐步在生态环境保护与治理上，具备一定的基础，形成了相应的优势，如在环境保护投资、环境保护意识、生态环境修复、生态保护与治理的法律制度上具有了一定的比较优势和后发优势；尽管西部地区生态资源丰富，但生态保护与治理的挑战同样存在，如经济高速增长导致生态脆弱性进一步加剧，环境污染进一步加重；城市化与新农村建设对资源环境需求进一步加大；此外环境保护与治理的制度成本在范围与深度上进一步扩大。因此，西部地区的生态保护与治理的优势和挑战并存，必须充分发挥优势，迎接挑战。西部地区生态环境保护与治理面临的优势与挑战有以下几个方面：

（一）生态资源丰富与生态资源脆弱性并存

西部地区的自然资源丰富，是能源矿产战略后备基地。虽然西部地区生态资源丰富，但人们对西部丰富的生态资源先天优势认识不足，而只是把它定位于“初级资源能源的开发”，把生态资源看作是满足人类需求的“福音”，加快经济增长的因素，从而导致人们对西部资源的随意索取和过度消耗。同时，西部地区的地形地貌、气候等自然条件又使生态资源非常脆弱。再加上不合理的经济行为因素，不合理地开发资源使西部地区生态环境弱上加弱。

（二）生态保护力度增加与环境保护观念落后并存

从“十五”开始，西部地区的生态环境保护与治理的广度和深度都在增加，不仅有农村环境保护的改善投资，也有城市环境基础设施的完善；不仅有工业企业污染治理，也有农业与服务业环境保护技术的提高；不仅有自然环境的修复和保护，也有人文生态环境的建设。2011 年 7 月的贵州生态文明建设的会议上，我们可以看出西部一些地区生态环境保护工作正逐步开展，而且力度也在逐步增加，环境保护意识进一步增强。同时，我们也应看到环境保护观念还有待提高。西部地区生态保护意识不强，先发展、后治理，先建设、后维护，资源掠夺式、粗放型开发；一些部门监管薄弱，执法不严，有法不依。由于生态资源具有公共品的性质，其所有权属于国家或集体所有，西部地区对于生态资源的产权观念十分模糊，资源的所有权与使用权往往混淆不清，必然导致资源掠夺性开发。最后，西部地区还没有建立起环境信息的交流平台，特别是在贫困地区更是如此，使公众更难了解到环境信息，意识更得不到提高。因此，逐步建立环境信息公开平台，开通公众参与环境决策的渠道，实现上下互动，是环境管理新阶段和保持社会稳定的必然要求。

（三）经济的高速发展与环境污染加剧并存

在经济发展到一定程度，才会加强生态环境的保护与治理，这也是环境库兹涅茨曲线的假设。同样，西部地区也面临着经济的高速发展时期，随着城市化进程加快，西部地区人均收入的提高，西部地区已具备一定的经济基础及环境保护与治理的条件。但长期以来，人们对西部生态环境破坏的保护与治理工作给予了较大的支持，但对环境污染保护与治理工作不够重视。从而导致了西部工业发展过程中污染排放加剧，虽然西部污染排放总量低于东部，但排放强度却远远高于东部和全国平均水平。西部地区环境污染主要以工业“三废”污染最为严重。由于西部工业污染大多集中在少数的中心城市，从而又造成了严重的城市环境污染问题，形成了由单纯的工业污染过渡到工业和生活污染并存的局面。2009 年西部地区城市污水排放量为 640940 万立方米，比 2003 年的 587091.9 万立方米多 10% 左右，生活烟尘排放量为99.5万吨，比2003年79.5万吨多25%。城市化使城镇生活污水和生活垃圾的产生量、机动车尾气污染物排放量大幅增加。西部地区城镇环境基础设施建设严重滞后的弊端将逐步显露出来，城镇生活污水将成为城市水体的主要污染源，城镇大气环境将面临粉尘污染和汽车尾气污染的双重压力，城镇垃圾将成为困扰城市环境的一个重要问题。

（四）政府生态管理体制不断完善与环境污染和生态破坏不断复杂化的局面并存

西部地区在生态与环境保护方面取得了巨大的进展，西部地区污染排放受到一定程度的控制，没有与经济同步增长，资源利用效率不断提高，生态环境的保护与建设正在开创新局面。这些进展在相当程度上应归因于政府生态环境管理体制的不断完善和相应的制度安排。但是，随着社会经济的转型，环境保护也处在转型期，西部正面临多种环境污染和生态破坏问题并存的复杂局面，发展前景不容乐观。这样，我们的生态保护与治理体制以及相应的制度安排也变得复杂化、系统化。但目前，西部地区在生态保护与治理方面，一是各地区政府的综合协调能力不足，手段不够完善，生态保护缺乏统一的监督管理。在世界银行和联合国开发计划署最新发表的关于中国环境问题的战略报告中，都把解决环境问题的体制安排和治理结构改革放在极为优先的地位。二是政府在协调各自地区内的企业、居民的个体利益和区域整体利益的能力不足，不能统筹兼顾考虑生态保护问题，不能做到统一监管，部门间协调性差，不能解决职能交叉、多个部门同时管理、政企不分等问题。

第三节　生存与发展维度的生态问题

生存、发展与生态的关系本质上就是人与自然关系的具体体现，也是强调生存、发展与生态是协调发展的。生态环境的质量水平反映着自然界的发展变化状况，而生存与发展则反映着人的变化状况。用辩证唯物主义的思想来审视生存、发展与环境之间的关系及其演变规律，无疑会为我们的研究提供强有力的方法论支撑。

人与自然的协调发展，在前几章已就其本质进行了说明，但我们应该看到，生存与发展这里不但指人的生存与发展，还指自然的生存与发展。自然虽然为客体，但自然也有价值，如果自然不存在价值，主体的人也不会去享用客体的价值，也就不存在生态问题。自然的现有状况就是自然的生存形式，在不同时期、不同阶段与不同地区自然有不同的生存形式，但自然具有不断发展的动态变化特征。自然的发展我们可以理解为人能动地作用于自然，自然的变化状况。这就涉及人怎么能动地作用于自然，是征服自然式的人单方面发展呢，还是人与自然协调发展呢？这主要看人处在什么状况下，人到底发展到多高的地步？

一　生存与环境的矛盾

在实践活动中，人类价值观在生产与生活方式的偏差，导致人的活动与生态环境的关系破裂。在人处在生存阶段时，这个阶段中的人大部分是为了生存而放弃生态保护的观念，人的生产与生活方式都是为了满足生存，从而对生态环境采取征服和索取，过度消耗生态自然，破坏生态平衡，各种污染的排放超标等。反过来，生态环境的恶化又使人的生存更加困难，有效生存空间狭小分散，构成反贫困的严重障碍。人的生存解决不了，更不用朝着更好的方向发展了。

在我国西部地区，生存与环境问题的矛盾更加突出。首先，西部地区的人口增长速度过快，1953—2000 年，西部地区人口以平均 1.66% 的速度递增，2001—2009 年西部地区的人口增长仍在继续。过多的人口数量及过快的增长速度严重制约了西部地区的经济发展，限制了人均收入的增加，摆脱不了贫困。2009 年西部地区人均 GDP 为 18248.9 元，比全国人均 GDP 的 25575.48 元少 7000 多元，相对于 2002 年两者的比较，这个差距在进一步加大。其次，人口密度增加，压缩了生存空间。2002 年西部地区人口密度最大的三个省依次是重庆、四川、贵州；2009 年的西部地区每平方公里人口密度为 53.5 人，整体有所下降，但有些地区出现不同程度的增加。人口的增长扩大了资源需求，导致自然生态破坏。最后，工业与生活环境污染严重，污染程度和广度加大，经济损失巨大。由于人的不合理行为导致的生态环境问题，又进一步作用于人的行为，使人的生存环境进一步恶化。

恶劣的生态环境加剧了生存的困境，并阻碍了脱贫。我国重点扶持的贫困县大约有1/2分布在西南山区，1/4分布在北方干旱、半干旱和荒漠草原牧区，1/4分布在青藏高寒山区。这些地区生态环境脆弱，自然灾害频繁，疾病流行，有效生存空间狭小分散，恶劣的生态环境已成为脱贫的严重障碍。这些地区农业资源短缺，生产力水平低，人们为了生存乱砍滥伐，引起生态资源破坏、生态退化，生态环境的恶化又加重了社会贫困和经济落后。环境污染降低了人类生存质量进而威胁人类生存。人的生活质量不断降低，工业“三废”污染严重，人类的健康受到损害，疾病出现重复化和严重化。生态环境破坏使人类面临生存危机，在生存和环境的选择面前，当生存是第一位的，贫穷的加剧将导致人们过度索取自然资源，使环境迅速退化、恶化；恶化的生态环境反过来又使贫困地区的生存条件更加恶劣，进一步加剧贫穷，从而陷入贫穷与环境退化的恶性循环之中。

二 发展与环境的矛盾

发展的本质是人的全面发展，生态环境作为人全面发展的生存物质基础，如果生态环境出现问题，人的全面发展则会受到阻碍。在人的发展过程中，人对发展的实践活动违反了自然规律，这将造成人与自然关系的破裂。以辩证法来讲，人类社会发展过程中的“人”也是一种有待于不断完善的社会存在物，所以运用错误的观念和行为去处理人与自然的关系，导致发展与环境产生矛盾。而人的发展主要体现在经济、社会的发展。如经济的增长、教育程度的提高等方面。

生态环境保护与经济发展是矛盾统一的两个方面，两者相互促进，相互制约。没有良好的生态环境则经济发展没有物质基础；没有经济发展则生态保护与治理没有资金保障。人不能把发展认为以经济增长为中心，纯粹地为了发展而发展，把发展单纯地归结为物质产品的积累，即我们不能单纯地为了发展而破坏生态环境，但也不能单纯为了生态环境保护而牺牲经济增长。西部地区近两年经济增长加快，人民生活水平也在一定程度上提高了，但为了满足经济、人口增长需要的生态环境承载力却下降了。同时，粗放式、高能耗、高污染的发展模式，又使环境污染严重，资源无效率地开发，更加重了生态环境的恶化。反过来，生态环境的脆弱必然导致经济系统的运行环境削弱，直至吞噬经济的可持续发展能力，也是造成西部农村地区贫困发生率居高不下的重要原因。西部地区每年因生态破坏造成的直接经济损失高达1500亿元，占西部GDP的13%，至于间接潜在损失和生态恢复费用则无法估量。

同样，社会因素也影响发展与环境的关系：一是西部地区的人口增长过快、人口密度增加，超过了生态资源承载力的极限。西部地区人口增长的压力，加上生态环境的脆弱性，西部人类活动强度同全国其他地区相比，对生态环境的破坏性更明显。相对脆弱性的生态环境和恶劣的生存空间加重了西部地区可持续发展的艰巨性。由市场化进程中而导致的贫困与生态环境恶劣共同困扰西部地区的民众，如2008年的经济危机和2008年年底的雪灾使很多脱贫的农民又返回了贫困。这些贫困群体不光存在于偏远的农村，城镇也有所涉及。控制人口增长，提高人口素质已成为提高西部区域生活水平的重要途径。二是西部地区多数是相对落后的地区，特别是农村或民族地区。由于长期处于自然经济状态，还存在狭隘、保守、安于现状、重农轻商等落后意识。经济的落后势必导致受教育程度低，高素质的人力资本不断流失。由于受教育程度低，在农村贫困落后的地区，因贫困而产生文盲，由文盲再导致贫困的现象非常多，直接影响了农村各项事业的发展和生活水平的提高。

经济的增长、人素质的提高是人全面发展的体现，在这个过程中，人的劳动实践如果偏离了人与自然的协调发展关系，则会使人的发展与生态出现矛盾。人的发展越全面、越高级，对生态环境问题越重视，才能保证人与自然的协调发展。我们不是说人单方面的发展或是较低级的发展，不对生态环境问题不重视，只不过这些不是人与自然协调发展的主要因素。

第四章　西部地区生态保护与治理中的问题

生态环境问题是中国21世纪面临的最严峻的挑战之一，而西部地区作为经济落后与生态环境严重脆弱性的叠加区域，更是面临着经济发展与生态环境保护的巨大矛盾。如何推进西部生态保护与治理，是西部经济健康发展、实现可持续发展，落实科学发展观必须要解决的具有挑战性的问题。因此，我们必须从生态保护与治理的主体和客体以及两者的关系中寻找出问题的根源性。生态环境保护与治理的主体是政府、企业和社会公众，生态环境治理的客体不仅是生态环境的客观自然属性，也不仅是主体破坏环境的行为，主要侧重于治理的社会属性，焦点在于主体对生态保护与治理的认知，参与环境决策的权利、维护环境权益的制度保障和执行环境决策的绩效等方面。[①] 我们追求的生态保护与治理是通过正式或非正式的制度安排，协调合作共同解决生态环境问题，才能有效解决生态保护与治理中的问题。而不是技术层面上的修复和保护，也不是政府行政管理上的指导和规定。

西部地区广阔，生态环境保护与治理问题更加复杂，牵涉的利益关系更多。不仅有西部区域内部存在诸如民族间、城乡间、政府与微观主体（企业、民众）间等各种利益主体在生态资源开发利用和保护上的矛盾冲突，还有区际、中央与地方、代际的利益关系。西部生态保护与治理中的问题识别关键就在于区分或界定各种利益关系，利益存在冲突，就会产生问题。在生态保护与治理的过程中，利益冲突主

---

① 朱留财：《从西方环境治理范式透视科学发展观》，《中国地质大学学报》（社会科学版）2006年第9期。

要体现在人在生态保护与治理中的观念、意识、法律法规、政治决策、经济政策、环境政策等社会关系上的认识不同，从而产生了相应的问题。因此，西部地区的生态保护与治理的问题，既有西部地区发展观方面的问题，也有政策选择方面的问题；既有文化观念的障碍，也涉及了生态保护的公平性。如果这几个方面的问题都能很好地解决，西部地区生态保护与治理将取得更大的进展。

第一节　发展观方面的问题

发展观是关于发展的本质、目的、内涵和要求的根本观念。发展阶段不同，发展观不同，有什么样的发展观，就会有什么样的发展道路、发展模式和发展战略，也就会引导和推动着发展的实践朝着一定的方向前进。改革开放后，传统的发展观使西部地区片面追求经济增长，给生态环境造成了严重的破坏。正如潘岳所说："中国的环境问题也不是一个专业问题，而是一个政治问题，根源是我们扭曲的发展观。"① 如果我们仅仅想依靠技术是绝对不可能解决生态环境问题的。要发现生态保护与治理的问题，必须从发展观入手，改变传统的发展观，形成科学发展观。只有正确的发展观，才可能有正确的人的行为。科学发展观是对片面追求经济增长的发展观的修正，它指导着我国社会主义发展沿着科学的轨道运行，也成为生态保护与治理的指导思想。

一　传统发展观及其反思

传统发展观是一种以经济增长为中心或片面追求经济增长的发展观。传统发展观将经济增长归结为物质财富的增长，经济增长可以促进社会进步，经济增长可以解决一系列诸如贫困、收入分配不公以及社会安定等问题。因此，传统发展观是一种机械式的发展观，传统的发展观为了追求经济的增长，过度开发自然资源，破坏生态环境。受

---

① 潘岳：《中国环境问题的根源是我们扭曲的发展观》，《环境保护》2005 年第 6 期。

传统经济增长发展观的影响，西部一些地区的政府部门或者领导干部在制定发展战略、选择发展道路时一味地追求经济的高速增长，很少考虑或不考虑生态环境，忽视了对社会发展和生态环境状况的整体的、综合性的评价。西部地区片面追求经济增长，没有把人与自然的关系进行有机的联系。这是一种机械论世界观，强调把整个事物分割为局部，部分的性质决定整体。长期以来，这种纯粹以经济增长的观点，使西部地区出现资源过度开采、生态破坏、环境污染等生态问题。西部地区虽然进行了生态保护与治理，而且生态环境有了相当大的改善，但局部好转、整体恶化的总趋势并没有根本性地改变，生态保护与治理效果不明显。如果我们不树立科学的发展观，不坚持生态文明建设，经济增长中所蕴含的不公平性和巨大风险就会随着增长的过程而越来越显现出来。

以经济增长为中心的发展观显然不是一个科学的发展观，科学的发展观，要求发展既要考虑眼前利益，又要考虑长远利益；不仅要考虑发展的基础，还要考虑发展的后劲。我们必须强化西部生态环境严峻的危机意识；必须强化环境效益、经济效益、社会效益相统一的意识；必须强化节约资源、循环利用的可持续发展意识；必须强化保护生态环境就是保护和发展生产力的意识；必须根本转变经济增长方式，要辩证地认识经济增长和生态保护的关系，要在保护中开发，在开发中保护，确立人与自然环境和谐统一、可持续发展的增长方式。

二　生态保护与治理中的发展观问题

（一）注重经济增长，轻生态保护与治理

在西部大开发过程中，一些人主张充分利用西部地区的资源优势，带动经济的增长，并认为只要经济搞上去了，生态环境也就能搞上去。在这种思想的引导下，西部地区在经济得到一定增长的同时对资源环境也造成了严重消耗。西部很多地区认为在经济开发的初期，都会不同程度地对自然环境造成不利的影响，这个阶段是不可逾越的，所以西部开发应以经济建设为主。这种传统发展模式的发展道路加重了西部地区脆弱性的生态环境。人们在如何处理保护环境与发展经济之间的关系问题上始终存在偏差，许多人尤其是地方领导干部把

"发展经济是硬道理"歪曲为"GDP是硬道理"，急功近利，有水快流，盲目发展经济，忽视生态环境的有限承载力和生态阈值，严重违背自然和经济规律。其结果是：几十年来，西部地区虽然没有停止过生态环境治理，但始终存在"边治理，边破坏"、"你治理，他破坏"、"破坏快于治理"、"局部好转，整体恶化"、"生态环境不断退化"的尴尬局面。这种问题出现的一个原因来源于地方政府对生态保护与治理的激励不足。作为一个落后的、发展中的地区，首选需要解决的是发展生产力，促进经济增长的问题，强调经济的发展本身没有错，但问题在于，以经济增长作为单一的激励指标，并以其衡量其他一切工作，在这种政治晋升激励下，必然把GDP作为最主要的政绩，造成资源、环境和经济发展直接的失衡。

（二）注重传统产业的发展，轻生态产业的发展

西部地区的传统产业包括钢铁、煤炭、石油、电力、有色金属、化工和机械制造等部门，形成了一大批新兴工业城市。在这个过程中，大规模经济建设和产业结构的调整，是以西部地区自然资源的大量消耗为代价的，大规模经济建设对资源需求极大，西部资源开发的深度不够、利用率低下，高耗能、低产出造成了资源使用的严重浪费。如西部地区的自由开发型重工业比重过高，而且重工业中以采掘业、初级原材料工业为主，产品以初级产品、高耗低附加值为主。另外，工业行业的同构化趋势明显，能源、冶金、化工在各省市区主要工业行业中均占据了前五位的位置，具体见表4－1。受"先污染、后治理"思想的左右，西部一些地区盲目招商引资；环境影响评价等环境管理工作落后；某些企业无节制地开发稀缺资源，加快了资源的消耗过程；很多企业采取了牺牲环境的手段，以获得更多的市场份额，提高产品竞争力。这些做法给西部地区造成了严重的生态破坏与环境污染，形成了新的环境压力。此外，工业污染得到相应的控制，但生活污染比重上升；城市污染向农村污染转移。由于生活水平的提高和消费方式的改变，城乡生活垃圾和生活污水迅速增长，目前城市垃圾已经成为令各大城市头疼的难题。城市化的发展，使很多污染型企业向农村转移，使农村污染加重。

表4－1　2007年西部地区采掘业、初级原材料加工业比重变化情况和单位工业增加值能耗与全国的比较

地区	采掘业占比（%）	初级原材料工业占比（%）	能耗（吨标准煤/万元）	
			能耗	西部与全国比值
全国	－0.39	1.76	2.47	1
西部地区	2.61	4.15	2.71	1.09
内蒙古	8.07	－3.36	4.64	1.88
广　西	8.89	1.37	2.94	1.19
重　庆	0.91	－2.37	3.32	1.34
四　川	2.61	0.3	3.5	1.41
贵　州	5.09	1.36	7.63	3.09
云　南	3.33	19.38	4.19	1.69
西　藏	8.4	－2.26	—	—
陕　西	5.26	10.89	2.61	1.05
甘　肃	－1.05	7.9	4.79	1.94
青　海	0.22	2.9	6.08	2.46
宁　夏	－6.47	2.23	8.01	3.24
新　疆	－3.61	8.45	4.68	1.89

注：表中数据经过四舍五入处理。

资料来源：《中国工业经济统计年鉴》（2001年、2008年）、《中国环境年鉴》（2008年）。

（三）注重政府的作用，社会参与不足

由于生态保护与治理问题具有严重性、综合性、复杂性、长远性等特征，政府对生态环境治理的重视和环境保护工作的加强并不等于说生态环境问题一定就能解决了，政府的生态治理行为存在种种局限性。如地方政府能力不足、环境保护投入有限、环境保护激励不足以及权力滥用等问题。生态保护与治理的政府行为在一定程度上失灵，且越到地方政府，生态保护与治理的效果越差。

随着西部地区经济的高速发展，生态保护与治理工作取得了实实在在的成就，西部恶化的生态环境得到了修复，得到了逐步改善。但这个过程中，遇到了一些“瓶颈”，政府的主导作用越来越小，有些

生态保护与治理问题必须社会公众参与才能解决。西部地区，甚至全国范围内，生态保护与治理的社会参与机制十分不完善。生态保护与治理不仅仅是政府的行为，更是全社会的行为，因为最贴近环境而生活的社会公众最了解环境。科学的发展观就是“以人为本、全面协调、可持续发展”。如果不让全社会参与，怎么才能监督政府在生态保护与治理中的行为，怎么才能提高生态保护与治理的生态观念。西部生态环境治理中的公众参与，无论在程序上的规定，还是具体方面的要求，都难以与经济社会发展的要求相适应。公众的环境参与意识不强、生态资源产权不够明晰、缺乏保障，是造成西部生态环境不断恶化的重要原因。公众作为生态环境治理的重要主体未能成为自觉行动，参与缺位的现实是西部生态保护与治理中面对的又一个亟待完善的内容。

（四）政绩观念扭曲，难以实现有效、独立执法

在我国以经济为中心的政策下，一些行政部门领导就会不自觉地形成了 GDP 至上主义。再加上西部属于落后贫困地区，在每年的政绩硬指标下，必须保证 GDP 的增长率。在这种情况下，对环境、经济与社会的协调、可持续发展缺乏正确的认识，将环境保护与发展经济对立起来，甚至不惜以牺牲环境为代价追求眼前的、局部的经济利益。由于传统 GDP 的计算方式存在未扣除资源消耗成本和环境污染成本的缺陷，因此，在单方面盲目追求 GDP 增长的背景下，环境执法处于有法不依、执法不严和违法不究的状态。加上盲目招商引资，上马一些重污染、破坏生态的项目，形成了引进容易、治理难，关停更难的局面。此外，当环境保护部门按照法律规定，对企业拒绝排污申报、拒不执行建设项目环境保护审批、闲置治污设施等违法行为进行处罚时，当地政府又开始干预环境执法，使执法不独立。对于在短期内发展经济与建设环境并重的施政纲领弃之不顾，一味追求“跨越式发展”，总是能找到借口干预生态保护、环境治理。

第二节　政策选择方面的问题

从生态保护与治理政策选择来看，核心是如何处理生态保护治理与经济发展之间的关系。在不同阶段与不同地区，优先顺序或重点不同：一是两者并重，协调并进。二是保持经济较快增长的同时推动生态保护与治理，需要适当地容忍一定程度的生态破坏和环境污染。三是为了治理生态环境并为经济增长提供空间，可以适当降低经济增长的速度。狭义的政策选择就是可供生态保护与治理选择的工具，包括行政法律类工具、市场化工具和自愿性工具三类。但这些政策选择都是事后的选择，我们需要更多的事前博弈。通过充分博弈，对于政策产生的很多问题都有预判，知道会有什么样的问题和影响，并且有相应的解决方案安排，而不是事后博弈。因此，政策选择包括政策制定、政策建设、政策执行、政策激励等方面，政策选择要具备有效的管理体制、健全的制度和政策执行激励机制。这样的政策选择是实现环境保护、治理目标与可持续发展的基础。

西部地区生态环境的恶劣性、复杂性、脆弱性并存，面临着巨大且不断增长的人口规模、急需解决的贫困问题，居民消费增长与环境保护意识的不断提高，经济结构性调整、快速的城市化建设等对西部地区环境保护与治理的挑战，传统治理模式已不能满足时代要求。我们急需发掘生态保护与治理中的问题，如资源环境管理体制的综合与协调能力明显不足，生态保护缺乏统一监督管理；政策主体缺乏协调；政策滞后、政策执行没有力度；企业消极执行。作为落后地区，西部正处于经济高速发展，面对新的多重生态环境挑战，研究政策选择中出现的问题，将更有针对性地发掘政策的不合理性。

一　可供选择的生态保护与治理政策及其问题

（一）行政法律类政策及其问题

这类政策是指政府根据相关的法律、法规及标准等，对治理的相对人及其行为作出强制性的要求或限制，从而达成相关政策目标的手段或方法。其主要有：一是行政手段。行政手段是国家和地方各级行政管理机关，以命令、指示、规定等形式作用于直接管理对象，对生态环境治理的各项工作实施行政决策和管理的一种手段。例如，政府有关部门对一些环境污染严重的企业要求禁止排污或限期治理，甚至勒令其关、停、并、转。又如，对开发建设项目实行审批，对其进行环境影响评价，发放环境保护许可证等。行政手段在一定程度上可以纠正环境治理中的"市场失灵"，在我国的环境治理实践中取得了较明显的成效。如2007年以来环境保护部门对未完成相关环境保护任务、生态破坏严重的一些地区和企业实行的"区域限批"。二是法律手段。在各类环境法规中，都明确规定了政府、企业和公众等法律主体在环境保护中的权利、义务和法律责任。法律手段在环境治理中的作用发挥就主要表现在它对人们作用于自然生态环境的各种行为和社会关系的调整和规范上。中国已初步形成了环境保护法律体系，主要包括宪法、环境保护基本法、环境保护单行法、环境保护行政法规和部门法等。

这类政策工具多数是行政或者法律政策，虽然都是强制性的，但生态环境治理关系到政治、经济、社会等各个方面的综合问题。哪个方面出现问题，生态环境治理的政策工具都将出现问题，一是行政法律法规可操作性不强，对违法企业处罚额度过低。数以万计的环境保护违法案件没有被依法追究刑事责任，导致环境保护执法丧失了权威和尊严，不法分子逍遥法外，环境保护污染事故屡禁不绝，甚至有愈演愈烈之势。此外，法律法规偏软，环境保护部门缺乏强制执行权。一些具有严重污染的建设项目，环境保护部门却不能勒令停止。出现严重污染事故后，环境保护部门监管执法形同虚设。2004年沱江污染经济损失达2.19亿元，但青白江区川化股份有限公司却只被罚款100万元。陕西凤翔县血铅超标事件，处理了几个无关紧要的人员。二是执法体制不顺，难以实现独立执法。部分地方环境执法部门难以实现独立执法，造成环境执法难，无法达到震慑企业的作用。当环境保护部门按照法律规定，对建设项目进行环评，对污染、破坏等违法行为进行处罚时，地方政府以招商引资、税收和就业、经济增长等行为干扰环境保护部门的执法。三是"黑色交易"，难以实现公正执法。多数污染企业已经长期没有排污监测装置，却一直正常运行，最终造成严重事故，当地环境保护行政执法人员有不可推卸的责任。此外，利益的驱动与作祟，很多行政执法主体利用执法权力谋取部门利益，个别执法人员还利用执法机会和权力受贿索贿，包庇袒护环境违法行为，甚至为企业通风报信，同违法企业同流合污。这些都造成了生态环境重大事故的发生，影响恶劣，损失严重。

（二）市场化政策及其问题

用经济手段来控制环境污染，生态保护不失为一个良策，比如环境污染税。但全国地区市场化政策发展很不均衡。

市场化政策主要包括：一是排污收费。通过收费，将环境污染的外部效应内部化，激励排污者提高环境保护意识、加强环境保护技术革新、减少污染物的排放量。我国已于20世纪70年代开始实施排污收费制度，这也是我国实施最早、目前应用最广泛的经济手段。二是征收环境税。环境税是指国家机关对开发、保护和使用环境资源的单位和个人，按其对环境资源的开发利用、污染、破坏和保护的程度进行征收或减免。实施环境税制度，一方面要对消耗、破坏生态环境资源的生产者和消费者加以课税；另一方面对保护环境的行为实行税收优惠政策。征收环境税从源头上防治污染和提高资源的利用效率方面可以发挥更为积极的作用。目前，许多发达国家已广泛应用征收环境税的手段，征收的环境税已达数百种之多，如燃油税、污染产品税、一次性产品的环境税、含铅汽油和无铅汽油的差别税收等，也取得了实实在在的效果。三是排污权交易。政府环境管理部门依据一定的环境质量目标或标准，确定某一区域环境可承载的污染物总量，按排污总量的上限对排污权进行初始分配，以许可证的形式发放到相关企业，并允许排污权可以在市场上自由交易。由于不同企业的治污成本不同，治污成本低的企业就可能为了经济利益积极减污而将过剩的许可证在市场上出售，而治污成本高的企业也有积极性去市场上购买排污权以节约成本。和其他环境经济手段比较，排污权交易更能发挥市场机制的作用，其实质是将排污权作为一种商品来买卖，通过价格信号，使排污企业对自身的排污行为作出理性自主的选择。四是生态补偿机制。建立付费式补偿机制，将生态资源的无偿受益变为有偿受益，并对牺牲经济利益的地区进行补贴，以鼓励生态保护区为此而做出的努力，提高保护生态的积极性；进行流域区域、区域间的协调，受益地区在资金、人才等方面给提供资源地以支持。

生态资源产权不清。现行法律规定自然资源如森林、矿山等属于国家所有，但实际上自然资源的产权模糊不清。资源直接开发利用者以满足自己效用最大化来开发、利用自然资源，从而把经济行为与生态行为割裂开来。比如，在开采森林时，要考虑森林对区域内气候的影响程度，不能因肆意开采而导致区域环境恶化。一方面，生态环境往往被作为一种公共物品来使用，产权上具有非排他性，区域生态保护具有很强的正外部性，存在着严重的“搭便车”行为。这种“搭便车”行为，由于生态资源的公共属性而很难控制和界定，在很大程度上削弱了生态环境保护和治理的积极性。

（三）自愿性政策及其问题

自愿性政策无疑可以作为前两种治理政策的有益补充。在自愿性的行动中，企业不再是政府管制的对象，它可以在合理追求自身经济利益的基础上，发挥自主选择的权利，从长远和大局出发，积极主动地参与到环境保护自愿行动中去。运用较多的自愿性政策包括有自愿性协议、ISO 14000 认证等。

自愿性协议主要以协商协议为主。协商协议是企业与政府之间为解决特殊的环境问题而订立的正式协议，有约束性。协议内容以环境保护为目标，其条款的制定也符合企业的具体情况，企业以实际情况，积极履行承诺，不断提高环境保护技术，在协议的时间内达到节能降耗或减少污染排放的目标。自愿性协议虽然是非强制性的，但参与企业的环境保护责任却是明确的。企业一旦参与，在一定程度上也要接受政府或行业协会的检查和监督。政府可以通过各种优惠政策和措施给予守约企业一定的支持和激励，而对一些违约的企业则要给予惩罚。在我国，自愿性协议还是环境治理政策中的新兴工具。虽然在我国一些地区的部分企业也参与过环境保护协议的签署，但毕竟还处在一个起步的阶段，远不及欧盟国家运用得广泛。我国政府可以加强对企业的环境保护宣传教育，提高企业的环境意识，探索出适合我国环境保护需要的环境自愿性协议模式并加以推广和运用。

ISO 14000 系列标准包括环境管理体系（EMS）、环境审核（EA）、环境标志（EL）、环境行为评价（EPE）、生命周期评估（LCA）等若干内容，是将环境管理贯穿于企业的原材料、能源、工艺设备、生产、安全等各项管理之中的标准，标准代号从 ISO 14000—14100，共 100 个。[①] 在 ISO 14000 系列标准中，处于主导地位的是环境管理体系标准（ISO 14001—14009），其中尤以 ISO 14001 最为重要，它是企业建立环境管理体系以及审核认证的准则，是一系列标准的基础，为各类组织提供了一个标准化的环境管理体系模式。由于实施 ISO 14000 标准可以有效提高企业的环境管理水平，促使企业节约能源，降低生产成本，并使企业获得进入国际市场的绿色通行证，世界上越来越多的企业申请并通过了 ISO 14000 认证，建立起符合国际化标准的环境管理体系。自 1996 年起，我国正式开展了环境管理体系认证工作，至今已逐步走上了健康发展的轨道。但由于各种因素的制约，我国目前实施 ISO 14000 系列标准还存在不少问题。从总体上看，我国企业参与的热情并不是太高，通过认证的企业数量也并不多。对此，我国政府应充分认识到实施 ISO 14000 系列标准的必要性和重要性，积极创造各种条件，不断推进该标准在我国的认证工作。

二　政府环境保护管理体制方面的不足

毫无疑问，导致资源破坏和环境污染的两大重要原因是市场失灵和政府失灵，这两方面原因都和政府有着密切的关系。私人市场几乎不可能为改善环境提供鼓励性措施，环境外部性和环境质量的公共物品性质决定了必须采取公共行动来解决环境问题；同样，不适宜的机构设置和政策扭曲也是加剧生态环境恶化的基本动因。在我国，特别是西部地区，环境产权市场不完善，社会参与程度不足，企业消极对

---

① 范俊玉：《政治学视阈中的生态环境治理研究——以昆山为个案》，博士学位论文，苏州大学，2010 年。

待环境保护工作。所以，生态保护在很大程度上依赖于政府的强制性政策，建立强有力的政府环境管理体制并不断完善治理结构是保证环境政策效果的基本前提。

（一）参与社会经济发展综合决策的手段不足

污染防治的行政监督管理权相对集中于国家环境保护总局和各级地方政府的环境保护行政机构，而自然和资源保护职能则分散在环境保护、农业、林业、水利、国土资源等部门。尽管目前国家环境保护、资源管理部门在环境与资源保护中发挥着主导作用，机构设置逐步理顺，但仍然存在一些无法回避的问题。为了提高环境保护参与综合决策的能力，一些重大的经济和发展规划都要进行环境影响评价。这个在西部地区重大的发展规划中都有所体现，如西部大开发战略首先要解决的是环境保护问题、青藏铁路保证环境与质量双优，以及三峡建设中的三峡库区生态环境保护等方面，都说明了在中央政府决策下的重大经济、发展规划等决策，环境保护参与综合决策的职能充分体现。但如果落到地方政府决策时，环境保护参与综合决策同经济发展相比，常常处于被动地位。特别是西部地区，产业转移政策可能导致区际污染转移，也可能造成城乡间的污染。对于地区型的决策时，重大经济社会发展政策、发展规划的制定过程中很少考虑生态环境问题，势必减少了在经济发展中解决环境问题的机会。

（二）生态环境保护与治理的综合协调能力在下降

任何国家或地区的生态保护与治理都不可能由环境主管部门一家承担，资源环境管理恰恰需要依靠政府间的良好合作。因此，无论采取何种生态环境保护与治理体制，建立有效的政府间协调机制都是十分必要的，不仅要协调好中央政府与地方政府之间的关系，还要建立同级地方政府之间、跨流域跨区域的地方政府之间，以及政府部门之间的协调机制，提高生态保护与治理的综合协调能力。[①]

---

① 林尚立：《国内政府间关系》，浙江人民出版社 1998 年版，第 14 页；谢庆奎：《中国政府的府际关系研究》，《北京大学学报》（哲学社会科学版）2000 年第 1 期；陈振明：《公共管理学》，中国人民大学出版社 2005 年版，第 141 页。

在生态环境保护与治理中，中央政府与地方政府之间存在利益博弈。当中央政府实施一项生态环境保护政策时，若有利于地方的利益，地方政府就会贯彻执行；而若不利于地方的利益，则可能就会“上有政策，下有对策”。此外，为了保护地方的利益，地方政府就可能对企业破坏环境的行为视而不见，不加管制。如内蒙古S旗市在生态保护问题上，地方政府得到草场保护的生态建设资金支持之后，把大部分资金都投入到了规划建设和产业开发当中。①

同样，在生态环境领域，同级地方政府间首先存在利益的竞争和冲突关系。由于生态环境保护具有典型的非排他性和非竞争性特征，一方治理环境但没有享受到治理所带来的全部收益，或者说承受了其他政府不治理环境所带来的负外部性，它就会丧失治理环境的积极性和动力。不同地区的地方政府从追求本地区利益最大化出发，采取“搭便车”的行为享受其他政府的生态治理的正外部性。对于跨地区、跨流域的生态环境资源来说，势必就会形成“公地悲剧”，如黄河流域的水土流失治理、西北部沙尘暴的治理、长江流域的水污染等。这种环境冲突背后暗含着不同地方政府间在环境利益上的矛盾和冲突。

还有，在传统发展观和政绩观的影响下，一些地方政府存在重视经济发展忽视环境保护的现象。有些政府部门不仅不承担环境保护的责任，而且还把环境保护看成追求本部门政绩和利益的障碍，有时甚至对环境保护局的执法行为加以干涉，纵容一些企业的环境破坏行为。地方环境保护局的环境执法过程中就面临着来自多方的巨大压力，一方面，是环境保护局受地方政府的行政指导，地方环境保护局的人员编制以及所需经费也受控于地方政府；另一方面，环境保护部门通过对纵向的资源控制来约束地方环境保护局。此外，一些环境保护部门也受到地方污染企业的诱惑，与其合谋。一些地方政府为了追求经济利益，对企业的污染不闻不问。

当前的“统一管理、分工负责”生态保护与治理体制，实际上仅

① 荀丽丽、包智明：《政府动员型环境政策及其地方实践——关于内蒙古S旗生态移民的社会学分析》，《中国社会科学》2007年第5期。

仅体现在污染控制上的基本统一，在自然和资源保护方面则不具备良好协调的分工负责。环境保护局和国土资源、能源、林业、农业、水利、建设、环卫等部门都在各自的领域承担着专门化的环境管理职能，但政府部门职能错位、交叉、重叠，这些体制性障碍容易造成部门间的利益冲突：有利益可争时，谁也不放；存在问题时，互相扯皮。各部门从部门利益出发，制定本部门所管理的相关法律法规，并依此加强自身的授权和权力，加大了基层部门执法的难度；在当地规划和政策制定上各自为政，衔接不够，使生态保护与治理的标准各异，不利于国家生态保护的宏观调控以及资金效益的充分发挥。

（三）资源环境管理的能力建设仍需加强

尽管政府机构改革的目标是减员增效，但能力建设不足已经严重影响了政府资源环境管理体制的正常运行。一方面是基础设施和人员不足，人员素质不高。其主要体现在：环境管理的基础设施建设滞后，监测执法业务用房严重不足、环境监测设备配备水平有待进一步提高、机构编制尚未达标；人员素质和业务培训欠缺，突发性环境事故应急监测工作基础薄弱。自 1999 年以来，西部累计培训地市级环境保护局长 1220 人、地市级环境监测站长 234 人、环境监察人员近 3000 人。从中我们可以看出，人员培训是多么的不足。此外，2009 年，西部地区环境保护人员达到 31368 人，而全国近 20 万人，只占全国的 1/6。

政府能力欠缺还表现为信息不完全和有限理性问题。由于环境信息的数据量大，处理耗时耗力，需要更多的专业知识和更先进的监测装备，再加上环境破坏者经常为了自身利益而刻意隐瞒或提供虚假信息，这使环境信息的完全获取成为不可能。另外，这种不完全的环境信息在政府内部的传递过程中，也可能造成信息的失真或愈加不完全。不完全的环境信息必然造成环境治理中的有限理性。在有限理性的指导下，政府环境治理过程中就可能会造成环境决策的失误和环境执法的低效。如政府在排污费的确定上出现偏差；对某些稀缺资源价值的低估；不合理的征税与补偿等。

基层环境保护部门情况更糟，以至于不能及时出数据；有些需要监测的项目，无能力监测，只好放弃。有的县、区级环境保护机构甚至没有固定的办公场所，监督能力、应急能力、监测能力离国家标准化建设要求甚远，难以确保环境法律、法规的有效实施。①

三　生态保护与治理政策执行方面的问题

首先，生态保护与治理政策执行方面注重于政府管制的作用。我国环境政策中的各项具体措施，特别是各项环境管理制度，如环境影响评价制度、排污收费制度等，大部分是由政府直接操作，通过政府体制实施的，无论是制定还是执行都有政府参与。反过来，需要经过社会团体、社会公众实施的政策则没有效力，且为数不多。

其次，从环境政策实施手段来看，比较强调用“命令型手段”，倾向于采用自上而下的工作方式来处理环境问题。在我国环境政策中，命令型控制手段占据主导地位，政府习惯于用行政处罚、行政法规、行政条例进行环境管理，分配环境权益，其结果是不能有效地调动社会各方面进行环境保护工作的积极性，难以形成全社会上下一心、齐心协力参与环境保护的局面，而且，由于片面强调采用行政强制手段，在政策执行过程中容易产生争执与摩擦，结果是使政府管理消耗更多的行政资源，降低了环境管理的社会认同感，使环境管理和保护的效果大打折扣，不利于环境保护工作的开展。

再次，在政策执行主体上，没有划分好政府和社会的作用空间。在很大程度上，政府成了环境管理的唯一主角，其他主体如社会组织、企业和公众参与环境的行为有限，即使参与了也是在政府的行政命令下进行的。这些都制约着政府生态保护与治理工作的有效展开，增加了环境保护的成本。

最后，在政策执行上不考虑差别性、区域性。西部地区生态环境条件和社会经济传统文化差异巨大，在政策执行时，不考虑自身地区的情况，把内地农业政策照搬到西北干旱的广大牧区；在西北干旱区把小范围的“示范项目”盲目推广到全区。这些政策还有很多，既浪费了资源也破坏了生态保护与治理的根本。我们必须充分认识西部环境的多元性，实施差别化区域政策。

---

① 周厚丰：《环境保护的博弈》，中国环境科学出版社 2007 年版，第 254 页。

环境保护与治理涉及多方利益，众多的利益集团纠缠在一起，阻碍环境行政管理部门畅通执法。在我国，由于节能环境保护法规得不到严格执行，数量众多的内地企业，都通过对周边环境的污染和破坏获取巨额利润；一些跨国公司同样通过垃圾转运、高污染产业的转移而获利丰厚。

四　生态保护与治理政策激励方面的问题

政府在促进经济的快速增长的过程中，片面追求经济利益的发展观和政绩观造成政府环境治理激励不足。环境保护与治理的效益不是短期的，而以 GDP 增长的经济效益可以在短期内体现，这样对地方政府的政绩，以及地方官员的晋升都是较大的激励。那反过来，生态保护与治理的激励则不足。为了促进经济增长，增加财政收入和就业，地方政府对一些污染企业经常实行地方保护主义，有时还会干扰环境执法部门对企业的环境监督和检查。在招商引资上，一些地方政府还降低环境准入的标准，引进一些环境污染型、能源高耗型的产业，在环境保护制度的执行上也只是“走过场”，仅为了追求经济利益而忽视长远利益和全局利益的短视、自私倾向。在这种片面追求经济增长的激励下，如果当地的生态环境没有恶化到严重程度，当地政府就很少会在环境治理上投入更多资金。

此外，政府在环境保护与治理上更是缺乏竞争意识和竞争机制，也就缺乏提高环境治理效率的动力和压力。因此，政府在环境公共物品的供给中处于垄断地位，有着一些自身也难以克服的弱点，就会造成政府环境治理激励不足的问题。地方政府的环境保护部门在环境保护与治理上更是激励不足，因为执法人员在环境保护与治理的执法过程中，权力受阻，生活、工作受到干扰，这些都是环境管理体制问题造成的政府环境治理激励不足。

第三节　文化观念的障碍问题

生态保护与治理问题的产生有着多方面的根源，生态保护与治理不力更多的则是人类行为导致的结果。其中，文化观念起到了很大的作用。生态治理中的正式制度和非正式制度的良性互动能够对国家环境法治产生积极的构成性影响。因此，在西部生态治理过程中，应充分重视对当地本土性制度资源的发掘和利用。

一　文化观念对环境保护与治理的作用

人类对自身生存行为的解释，产生了共同的价值体现，这一共同的价值体现成为整个文化解释的核心，在社会层面上产生了一种基本的历史导向功能，从而为社会经济获得提供一种行动方向。也就是说，文化是为人类提供了一个认知体系。

西部文化多种多样，我们只能从西部文化观念这个共性上说明对环境保护与治理的作用。西部地区是汉族与少数民族聚集区，两种文化的交汇区。对于汉族地区，主要受儒家思想的影响，这个在导论中有所体现。而少数民族地区的文化观念中，十分注重生态保护，注重人与自然的关系，生态保护意识十分强烈，每个民族都有其适应当地自然环境的生态文化，对地区生态保护与人们的思想道德的规范产生着积极的影响。观念、民族的风俗等都是理性的产物，是适合该地区的自然环境和社会环境的体系。所以文化观念则约束着人类的非理性行为，促进人与自然的和谐。①

二　生态保护与治理中文化观念的障碍

（一）西部地区的传统文化观念不能适应现代化、现代文明的需求

在全球化经济发展下，传统文化开始受到威胁。这种威胁不仅仅表现在传统经济方式转变，对生态环境保护的意识、观念也在转变。许多少数民族的当地文化中的原始的生态保护思想经受不住市场经济

---

① 宋蜀华：《论中国的民族文化、生态环境与可持续发展的关系》，《贵州民族研究》2002 年第 4 期；杜鹃：《地方性质与生态环境保护——以西南山地文化区为例》，《长江大学学报》（社会科学版）2010 年第 6 期；喻见：《贵州少数民族地区生态文化与生态问题论析》，《贵州社会科学》2005 年第 3 期；白兴发：《论少数民族禁忌文化与自然生态保护的关系》，《青海民族学院学报》（社会科学版）2002 年第 9 期；林庆：《民族文化的生态性与文化生态失衡——以西南地区民族文化为例》，《云南民族大学学报》（哲学社会科学版）2010 年第 3 期；何星亮：《中国少数民族传统文化与生态保护》，《云南民族大学学报》（哲学社会科学版）2004 年第 1 期。

的诱惑，生态保护意识减弱，开始追求眼前经济利益。在多年的发展中，西部各少数民族利用地方文化维持着和生态系统间脆弱性的平衡关系。但近年来，这种关系快速地恶化。许多少数民族地区传统生态文化与现代经济发展之间的矛盾所导致的生态危机都是触目惊心的。如内蒙古地区的草场沙漠化，又何尝不是一味追求经济快速发展带来的恶果。为什么传统文化不能适应现代化、现代文明的需求呢？其原因如下：

其一，传统文化没有考虑生产力的作用。传统文化观念虽然强调了环境保护与治理，强调了人与自然的关系，但没有考虑人对自然的能动作用，人类可以通过改造自然、开发自然，来达到人与自然的和谐发展。也就是说，西部地区的传统文化是在生产力水平相对较低的情况下，对自然环境的单方面适应。由于人们通过适应自然、了解自然界的客观规律就可以满足生存需要，随着生产方式的多样化，人们可以使用其他的生产方式维持人们生存发展，所以，人们对自然的依赖程度开始减弱，传统的生态思想也开始出现弱化的趋势。西部地区的少数民族传统文化观念下的生产力偏低，科学技术尚不发达。其文化观念强调人对自然的敬畏和顺从，一旦出现生态破坏、环境污染，将不能采取先进的保护与治理技术。

其二，传统文化和现代文明教育结合不足。传统文化中的生态环境保护思想的形成是自发的，与我们所倡导的积极的生态文明相比有着本质上的不同。传统文化观念中的生态环境思想是在落后的生产力水平下形成的，它是对自然环境的简单适应。传统文化下教育方式已经不能满足现代教育、现代思想的需求。传统文化下的环境思想在世代相传的过程中很容易流失。虽然要保持传统文化的生态思想、教育方式，但如果不能满足现代教育思想，教育不能发展，人的素质就不能提高，经济也就不能发展，何来的生态保护与治理呢？

因此，在现代化背景下的传统文化观念的生态环境思想必须转变，才能保证生态保护思想发生作用。在现代化背景下，面临着巨大的生态和经济压力，生存与生态环境保护的矛盾更加突出。我们需要一种更强有力的约束力，这种约束力应该是制度法律层面上的约束力，加之之前提到的传统观念、信仰、习俗等文化观念共同作用和影响。

（二）西部地区的发展观念落后，思想狭隘

西部地区曾有着根深蒂固的自然经济，以自给自足和分散经营为特征，这些都造成西部地区的发展观念落后，思想狭隘。建立在自然经济基础之上的传统文化，带有封闭保守的特征："官本位""重义轻利""安于现状""不患寡唯患不均""中庸"等。这些传统文化是很难与市场经济相适应的。小富则安、求稳怕变；市场意识淡薄；风险意识淡薄；排外意识强烈；等级特权观念强烈；重人情、轻法制；"等、靠、要"等依赖思想严重。结果，当市场经济渗入时，这些非正式制度产生排斥作用，严重地影响西部地区的社会经济发展。由于这些落后的观念使得市场机制运行不畅，更不用说环境资源产权市场了。此外，生态保护与治理的经济市场政策手段也不能有效发挥出作用。西部一些地方政府领导思想狭隘，短期行为严重。传统文化观念的小农或者民族狭隘思想根深蒂固，追求经济发展而轻生态保护治理，不能考虑到生态保护与治理的长远效益。而且，没有市场的经济思维，市场政策手段运用不足，习惯于下行政命令，以文件、讲话代替法。

（三）生态保护观念落后

长期以来，西部地区传统文化中人对自然的适应，自给自足的自然经济，生产力处于相对落后的状况，在一定程度上使西部地区人们的传统意识、观念相对保留得比较完整。主要表现为生态价值意识"虚幻"与生态保护意识薄弱。

其一，生态价值意识"虚幻"。① 在人类劳动过程中，生态资源已经构成劳动产品价值的一部分，创造财富所必需的要素。但是它们的价值很多未被考虑，且被无偿利用。在西部地区，由于生态资源产权市场还没有完全建立或者根本就没有，生态资源长期没有计入产品的价值，生态资源的耗用没有实物或价值的补偿；另外，对生态环境

① 汪中华：《我国民族地区生态建设与经济发展的耦合研究》，博士学位论文，东北林业大学，2005年。

造成的破坏和污染，没有以成本的形式计入生产成本中。这种不计生态成本的“虚幻增长”使统计出来的GDP没有反映出自然资源的损失，极易刺激人们发生资源掠夺行为。

其二，生态保护意识薄弱。西部一些地区往往只考虑高效益、高速度地挖掘现有自然资源存量，生态保护意识不强，重建设、轻维护，重开发、轻保护，对自然资源采取掠夺式、粗放型开发；根本不考虑或很少考虑到自然资源的可持续利用，再加上监管薄弱，执法不严、不力，造成资源大量浪费和资源环境承载力的急剧下降，加剧了生态环境的退化。

第四节　生态保护的公平性问题

地区生态保护与治理的核心内容之一是公平性问题。生态保护的公平性问题主要有两个方面：一是代内公平和代际公平的补偿性问题；二是区内公平和区际公平的补偿性问题。地区内的代际、代内、个人、集团和区际的个体与集团在追求利益竞争中将不可避免地导致非合作、非协调的现象，从而使地区人口、资源与环境的公平性面临严峻的压力与挑战。相反，地区人口、资源与环境的公平性要求地区代际、代内、个人、集团和区际各利益集团或个人应提倡资源共享、环境共有、分配公平的可持续发展观。同时，应从冲突与矛盾中探索协调发展的对策，从竞争与对抗中寻找公平的行为准则与规范，以确保地区人口、资源与环境走向公平、和谐的均衡路径。

一　生态保护的公平性与科学性问题

生态保护不仅仅需要观念上，还需要技术支持。如果没有公平性问题，科学往往只是奢谈，因为可持续发展的一个根本是公平性问题。虽然科学技术在可持续发展中起着重要的作用，不能违背自然规律，但要做到这点的前提是保障公平性。在我国西部，公平性问题非常严重，而且重视不足。比如，国家实行退耕还林、退耕还草，但是两者却分归不同的管理部门：退耕还林的资金归国家林业局，退耕还草归农业部。结果现实中就出现了一个地区如果林业局的专家去考察，评估结果必然是应当退耕还林；农业部的人去考察，评估结果必然是退耕还草。这样一种制度本身恐怕就是不公平、不合理的。在这里，最应当尊重和依据的科学成了最不重要的东西，部门利益压倒了一切。

此外，西部地区在生态保护与治理过程中，过度依赖于生态工程建设。河流、湖泊保护治理变成了水利建设工程，沙漠化防治变成了西北防护林建设工程，自然保护区管理变成了生态保护区建设。这种所谓的科学决策后的工程项目，在工程建设的时候，或多或少地会破坏环境，这多少有点违背尊重自然规律的精神。同时，这种保护工程建设也为经济腐败提供了资源。这种现象背后的核心问题就可以归结为公平性问题。在西部地区的生态保护过程中，已经出现了以科学性掩盖公平性的现象。如环境监测、环境评价、项目建设等，一些部门往往利用所谓的“规划院”、“研究院”之类的科研机构，再经过科学论证，使这些工程建设顺利实施。这样一种隐性的制度使社会公众很难公平地参与生态项目的评估，由于一些信息不公开，项目如何评估以及评估的好坏掌握在这些所谓的部门手中，结果是项目评估成绩一片好，而实际生态环境日益恶化的状况。西部的有些地区，还利用环境保护为借口，跑项目、要经费，而且立项机制不客观、不公平、不透明。他们不是为了解决生态问题而是为了工程建设背后的大笔的经费。森林砍伐是政绩，植树保护也能得到项目经费；治水是政绩，要经费恢复湿地也是政绩。草原飞播项目、退牧还草的围栏建设项目、绿洲开发、牧草禁牧等项目的实施背后均都经过科学的论证，但实际上造成了生态环境的严重破坏。

二　公平性与行政法律公正性问题

（一）行政法律制定的不公平性

生态资源管理部门分割管理，对所属生态资源具有很强的垄断性，如对森林、草地、湿地等生态资源从管理到利用都有部门独揽，制定的管理措施、法律首先是满足本部门的利益之后，才考虑社会利益。一些执法部门对自己下属部门的乱砍滥伐不制止，反而保护本部门的利益，对于其他部门合理的利用则多加阻挠。一些地区的林业局打着保护野生动物的口号，开辟狩猎场甚至直接参与狩猎。农业管理部门把草地承包给牧民，林业部门又开始禁牧。

（二）政府对环境保护与治理的不公平对待

对于地方政府的国有大中型企业，它们是该地区的经济支柱，纳税大户、就业大户。该地区的政府在污染规制方面，对其较为放松，甚至不闻不问，放纵污染行为。在缺乏监督的情况下，有些政府部门的官员为了谋取更多个人利益而对污染企业进行权力“寻租”。而对于其他一些中小型私营企业，则严格要求，导致同一行政管理措施或法律因人而变。

此外，社会公众、非营利环境保护组织不能公平地参与到环境保护与治理中。政府在对非营利环境保护组织的管理上过于严格，例如，成立受阻、独立性降低、活动范围受限、得不到政府的支持等。还有社会公众对政府的监督没有话语权，没有参与环境保护的决策权，没有公众受到环境污染损失的索赔权。这个在我国西部众多的污染事故中可以看出，社会公众根本没有权利应用法律得到应有的赔偿，得到的只有政府规定的索赔，而且没有差别。

（三）权力分配的不公平

这里我们所讲的权力分配的不公平，主要涉及市场化政策工具。由于制度设计的缺陷，排污权等权力的初始分配的不公平有可能增加实施排污权交易制度的阻力。[①] 如果采取无偿分配的方式，是以过去的排放为基础还是以新的或者政府规定的标准实施呢？对所有居民都公平吗？企业在申报时有可能更多地隐瞒其真实的排污水平。从当前的试点情况看，主要是以历史的污染物排放数据来发放排污许可证，则可能出现“鞭打快牛”的不合理现象。[②] 在我国西部地区，由于排

① 我国至今还没有制定出全国统一的关于排污权交易的法规，也没有在全国全面建立和实施排污权交易市场和交易许可制度，而排污权交易和治污成本却增加了试点企业的开支，使其在与其他未交易和治污的企业竞争中，处于不利地位。

② 按照科斯定理，在产权明晰的情况下，如果交易成本为零，权利的初始配置方式只影响相关主体的收益，而不影响整个社会的福利。但显然，排污权利的配置存在着巨大的交易成本，这就使整个社会的资源配置不可能是最优的。

污权才刚刚在几个城市试点，只有几个交易成功，其影响还要经过实践的检验。

三 区际公平性问题

（一）统一环境政策造成的地区治理不公平

现行的环境管理制度一般采用统一环境政策。但以行政单位划分的话，一个行政地区的环境总容量可能不等于一个地理区域的总量，如黄土高原区域、长江流域等。例如，整个长江流域是一个环境区域，环境容量不能按照行政区划来计算，应根据环境区域计算。因此，环境问题所反映的人与自然的关系，要求打破行政区划的界限，以自然形成的区域为一个环境单位，比如以长江流域等为一个环境保护单位。统一的环境保护治理政策，会导致按行政区划下的政府部门只对自己所辖地区的环境进行负责，对跨不同行政辖区的环境不负责。这样由于利用本地的资源优势又危害了其他地区而带来的本地区的经济发展，显然有失公平。现在，国家通过功能区划分，限制西部某些生态重点保护区域的开发，多少缺乏公平性。在中央政府的强制管理下，地方政府放弃部分经济机会来进行生态环境的恢复，显然其正外部性要高于本区域内收益。这时，中央政府对这些地区的生态补偿又不足，导致本地区的生态保护而丧失的经济发展与享受的收益不平等。

（二）区际生态补偿的不公平问题

人与自然之间存在严重的不公平，人类过度地从自然界透支资源，破坏生态环境。一些人就会得到对资源开发利用的好处，另一些人则得到了自然的“回报”。这样在各利益主体间存在不公平。保持公平既需要自然生态进行补偿，又需要人与人之间的利益补偿。这种生态补偿包括代内补偿、代际补偿、区际补偿，还包括地区间也包括流域内的生态补偿。

从历史角度来说，西部地区的生态资源对我国经济的发展起到了很大作用，但西部区域内部远没有享受到正的效益。但西部生态环境资源破坏的负效应则不断阻碍着社会的发展。如西部生态破坏使黄河断流、西北荒漠化、黄土高原水土流失严重。长江上游的生态破坏直接引起长江流域洪灾频发。西北草地破坏等，导致沙尘暴威胁着大半个中国。虽然，西北生态保护与治理取得了一定的进展，也收到了明显的效果。如“退耕还林（草）”对耕地农户进行的经济补偿，减少了水土流失，另外工业污染也得到了控制。但西部生态破坏的不可逆性，生态保护的长期性，物质的补偿和经济激励的缺乏性，西部生态保护与经济利益存在尖锐的矛盾。在缺乏相应的协调机制和补偿政策的情况下，往往将生态保护让位于经济发展。结果西部地区生态保护与治理缓慢，不愿意或无力进行生态保护，最终会导致西部地区的生态经济系统失衡，然后扩散到全国导致全局性的生态经济系统失衡。

近年来，西部地区的生态补偿方式有：资金补偿，中央政府共拨出 1000 多亿元资金用于生态补偿；政策补偿，通过政策支持和实施差别待遇，激发西部地区生态资源环境保护、生态产业发展的主动性和积极性；技术人才补偿，提供无偿技术咨询、技术指导等援助，培训技术人才，输送各种急需知识和人才。西部地区的生态补偿问题多：一是缺乏跨区、流域方面的横向利益协调和补偿机制。越贫困的地区发展越慢，且不断为发达地区免费提供生态服务；越发达的地区发展越快，不断享受资源开发地的生态利益。两者在生态资源使用上的不平等，仅靠纵向财政投入补偿是难以消除的。如“西电东送”、“西气东输”以及矿产资源与能源开发等重大工程，对东部地区经济发展发挥了重要作用，但资源开发在当地带来的生态环境成本并没有完全包含在这些工程项目的成本中。二是生态补偿资金严重不足，真正向生态严重脆弱区的分配过少。三是生态补偿标准过低。如退耕还林（草）补助费、生态保护和建设项目移民补偿费、公益性生态林补偿费等补偿标准与应补偿的价值有一定的差距。我国现行的煤炭资源税功能不健全结构不合理，具体体现为税额幅度小，税收定额低（内蒙古煤炭资源税为每吨 3.2 元，新疆煤炭资源税为每吨 3 元①）。这种较低的资源税征管体制，既不能有效调节收入和保护资源，也不能体

---

① 《2009 中国区域发展报告——西部开发的走向》，商务印书馆 2010 年版，第 339 页。

现煤炭开采社会成本的内在化，更不利于煤炭资源优势转化为地方财政优势。四是政策多以地区内的生态补偿为主，流域间和区域间的生态补偿政策过少。五是由于西部地区发展缓慢，人才外流，导致不断地培训，人才为了更好地发展不断流向发达地区。

四　区域内部城乡间的不公平性

区域内部城乡间的不公平性表现在城市的污染向农村转移，政府多关注城市环境质量，很少重视农村环境质量。区域内部城乡间区际污染转移是近年来我国西部地区出现的一种新的区际污染转移。随着城市居民环境保护意识的提高、城市环境保护政策的日趋严厉，为了改善日益严重的城市环境污染问题，西部一些城市开始将污染性工业外迁至周边农村地区。[①] 此外，一些地区的政府招商引过来的污染企业也建设在农村。这些都使农村的环境污染越来越严重，由污染而导致的疾病事故越来越多。一些城市把重工业企业放到农村，在纳税、就业等经济利益没有享受到的情况下，农村还留下严重的环境污染，而且也没有得到补偿，即使得到了补偿，这个补偿的代价也太大了，如陕西凤翔县血铅超标。如果解决不了区域内部城乡间污染的不公平问题，将严重危害社会的稳定。

五　代际不公平性问题

西部地区虽然面积广阔，但人口密度大，地形复杂、环境恶劣、生态脆弱，使西部一些地区长期处于贫困和不发达状况，生产力水平低下，常常陷入贫困——多生育——开发——生态恶化——更贫困的恶性循环。这就造成了当代人过度使用下代人的资源，损害了后代人的利益，出现了代际公平性问题。如何考虑西部地区的代际不公平问题？我们可以从代际公平的三项基本原则来考虑，一是“保存选择原则”，就是说每一代人应该为后代人保存自然资源的多样性，避免限制后代人的权利，使后代人有和前代人相似的可供选择的多样性；二是“保存质量原则”，就是说每一代人都应该保证自然资源的质量；

---

① 谭鑫：《西部弱生态地区环境修复问题研究——基于经济增长路径选择的分析》，博士学位论文，云南大学，2010年。

三是“保存接触和使用原则”，对于前代人留下的东西，应该使当代人都有权来了解和受益，应该继续保存，使下一代人也能接触到隔代遗留下来的东西。以生物多样性、人均生态资源量等指标以及西部地区的收入状况，从前两个方面来说明代际公平性问题。

（一）生物多样性降低

西部地区是我国野生物种最丰富的地区之一，但是，目前该地区不少珍稀濒危物种或分布区已很狭窄、生存环境也受到破坏，甚至面临濒于灭绝的危险。因滥采、滥挖、滥捕及栖息地的破坏导致不少野生物种濒临灭绝。四川省 20 世纪 50 年代森林覆盖率 30%—40%，80 年代降至 16.9%，90 年代虽有所上升，仍只有 24.23%。云南省 50 年代森林覆盖率 50%，90 年代降至 25%。经过 10 年的西部大开发，2009 年四川省的森林覆盖率已经达到了 34.31%；而云南省已经达到了 47.5%。但是，四川省和云南省的生物物种分别灭绝了 5 个和 22 个。此外，西部地区人工造林的面积已经占据了森林面积的一半还多，达到了 50.56%。生态系统遭到破坏是很难被修复的，而且修复时间很长。这样当西部地区生态多样性不断在降低，必然保证不了下一代人可供选择的多样性。

（二）人均生态资源拥有量普遍降低

我们用人均生态资源拥有量的变化状况表明代际公平的保存质量原则。从表 4－2 中可以看出 2003 年和 2009 年的人均耕地面积、人均年水资源量、人均牧草地面积、人均森林面积、人均湿地面积和人均主要能源矿产基础储量，我们发现，随着西部大开发的进行，各地区的人均生态资源拥有量大部分都是在减少的，除了人均森林面积增加外，但不是说明了森林保护得好，而是我国实行了退耕还林、西北防护林工程等政策，使人工林和经济林面积有了一定幅度的增长，但同时生态功能较强的天然林面积却有所减少，森林类型比例朝不合理化方向发展。林龄构成以幼龄林和中龄林居多，近熟林、成熟林和过熟林所占比例相对较小，林龄结构不合理，生态功能减退。天然林下降，人工林增加，林种、树种单一，森林生态系统调节能力下降，森林病虫害加剧。由于西部地区人工林大幅增加，天然林大幅减少，结构

表4－2　　2003年和2009年西部地区人均生态资源状况

	人均耕地面积（公顷/人）		人均年水资源量（立方米/人）		人均牧草地面积（公顷/人）		人均森林面积（公顷/人）		人均湿地面积（公顷/人）		人均主要能源矿产基础储量（吨/人）	
	2003年	2009年	2003年	2009年	2003年	2009年	2003年	2009年	2003年	2009年	2003年	2009年
内蒙古	0.3400	0.2951	2082.6900	1563.8750	2.7800	2.7088	0.5400	0.8515	0.1784	0.1753	3086.3881	3190.2464
广西	0.0900	0.0869	3913.9400	3069.2960	0.0200	0.0147	0.0900	0.1518	0.0135	0.0135	17.1093	15.8567
重庆	—	—	1887.2200	1600.2700	0.0100	0.0083	—	—	0.0014	0.0015	52.0447	74.5016
四川	0.1100	0.0727	2976.6400	2857.5140	0.1600	0.1675	0.1200	0.1520	0.0111	0.0117	51.8942	63.8974
贵州	0.1300	0.1181	2365.8400	2397.6520	0.0400	0.0421	0.0600	0.0940	0.0021	0.0021	385.5894	337.2828
云南	0.1500	0.1328	3883.8100	3459.7290	0.0200	0.0171	0.2500	0.3262	0.0054	0.0051	358.8079	169.5471
西藏	0.1300	0.1248	176078.0200	139658.9000	23.8500	22.2189	1.5100	5.0315	1.9366	1.8040	4.4416	3.4479
陕西	0.1400	0.1074	1557.3900	1105.6320	0.0900	0.0812	0.1200	0.1549	0.0079	0.0078	774.1970	712.3542
甘肃	0.1900	0.1768	949.5500	794.3178	0.4900	0.4786	0.0600	0.1472	0.0483	0.0477	187.9509	221.5932
青海	0.1300	0.0974	11890.2200	16113.5900	7.5700	7.2398	0.0500	0.5834	0.7729	0.7403	326.7141	358.8731
宁夏	0.2200	0.1771	211.9600	135.5109	0.4000	0.3622	0.0100	0.0651	0.0440	0.0409	1178.5283	887.7159
新疆	0.2100	0.1911	4757.6200	3516.6020	2.6500	2.3679	0.0800	0.2779	0.0729	0.0653	517.2833	685.6200
西部	0.1500	0.1261	4154.0100	3154.7300	0.7000	0.6983	0.1600	0.2742	0.0509	0.0512	441.7153	438.4192

注：表中数据经过四舍五入处理。

资料来源：《中国统计年鉴》（2004—2010年）《中国环境统计年鉴》（2004—2010年）。

趋于单一，进而导致林地的抗干扰能力降低，森林生态系统调节能力减弱。

（三）西部地区收入差距扩大

西部大开发以来，贫困人口数量大幅度下降。2000 年以来，大部分省份的贫困人口减少接近一半。[①] 其中，广西、重庆、四川、贵州和云南分别减少了 54.3%、35.4%、23.2%、32.7% 和 45.7%；而内蒙古、陕西、甘肃和青海分别减少了 46.8%、57.3%、41.5% 和 61.7%。西藏贫困人口由 1994 年的 48 万人减少到 2008 年的 7 万人，新疆 2000 年以来共计减少贫困人口 243 万人。在贫困人口下降的同时，西部地区城乡人均收入水平逐步提高。2000—2008 年西部地区城镇居民人均可支配收入年均增长 8.37%—22.52%；农村增长 11.33%—17.33%。但多数省市增长幅度低于全国平均水平。城乡恩格尔系数有所下降，但下降幅度很小，部分省市的城市恩格尔系数甚至有所上升，人民生活水平提高速度很慢。具体见表 4－3。

表 4－3　西部地区城镇和农村人均可支配收入与恩格尔系数　单位：元

地区	城镇				农村			
	人均可支配收入		恩格尔系数		人均可支配收入		恩格尔系数	
	2000 年	2008 年	2000 年	2008 年	2000 年	2008 年	2000 年	2008 年
内蒙古	5150	14432	0.34	0.33	2038	4656	0.45	0.41
广西	5881	14146	0.4	0.42	1864	3690	0.55	0.53
重庆	6296	14367	0.41	0.4	1892	4126	0.54	0.53
四川	5925	12633	0.41	0.44	1903	4121	0.55	0.52
贵州	5137	11758	0.43	0.43	1374	2796	0.63	0.52
云南	6369	13250	0.4	0.47	1478	3102	0.59	0.5
西藏	7477	12481	0.46	0.51	1330	3175	0.79	0.52
陕西	5149	12857	0.36	0.37	1443	3136	0.43	0.37
甘肃	4944	10969	0.38	0.38	1428	2723	0.48	0.47

① 资料来源：《2009 中国区域发展报告——西部开发的走向》，商务印书馆 2010 年版，第 345 页。

续表

地区	城镇				农村			
	可支配收入		恩格尔系数		可支配收入		恩格尔系数	
	2000 年	2008 年	2000 年	2008 年	2000 年	2008 年	2000 年	2008 年
青海	5196	11640	0.41	0.40	1490	3061	0.58	0.42
宁夏	4948	12931	0.36	0.35	1724	3681	0.49	0.42
新疆	5686	11432	0.36	0.37	1618	3502	0.5	0.43
全国	6316	15780	0.39	0.38	2253	4760	0.49	0.44

注：表中数据经过四舍五入处理。

资料来源：《中国统计年鉴》（2001 年、2009 年）。

西部地区贫困现象呈现出了局部性、返贫率高的特性。贫困人口大多分布在自然条件恶劣、社会发展程度低、基础设施落后的边远山区，特别是地处深山的少数民族地区。有些家庭教育水平和健康水平较差，没有足够生存能力，导致贫困加剧。这些贫困地区和贫困人口，代际性突出，具有很强的传递性，解决难度很大。

由于贫困地区的自然生态脆弱、基础设施薄弱、抵御自然灾害的能力差，许多刚刚越过温饱线的农牧民因灾、因病等造成大量人口返贫。自 2000 年以来，四川省每年的返贫人口都在 20% 左右。2008 年四川因地震和雪灾造成返贫、致贫人口 60.5 万人。青海贫困农牧区常年返贫率 13% 左右，灾年 25%，重灾年 50%—60%。2008 年甘肃因地震和疾病等因素返贫人口 230 万人。2001—2005 年，云南平均每年有 118.91 万人返贫。此外，扶贫资金分散，难以产生效力。如 2007 年，贵州省确定 33 个科技扶贫项目示范县，省政府每年投入 500 万元，连续投入 5 年，而且扶贫投入供需矛盾突出。甘肃省 2008 年贫困人口占全国的 11.04%，而同年扶贫资金只有 11.2 亿元，只占全国的 6.7%。四川的贫困人口占全国的 10.6%，扶贫资金只占 6.7%。下到每个项目中，资金缺口更大。云南省每个贫困自然村只能投入 15 万元，而实际需要投入 40 万元左右。甘肃省整村推进项目则有50 万—70 万元的差距。①

① 《2009 中国区域发展报告——西部开发的走向》，商务印书馆 2010 年版，第 353 页。

从收入来源看，西部地区的农民收入主要来源于种粮和其他经济作物。但2000—2008年，西部粮食播种面积减少了1976.5千公顷，下降幅度为5.72%，而同期全国减少1670千公顷，下降幅度为1.54%。西部粮食产量增长8.2%，而全国增长14.4%。除重庆、云南外，西南各省市均为负增长（见表4－4）。西部大开发以来，退耕还林等生态建设工程调减了一部分耕地，挤压了西部地区的粮食生产，对西部地区的粮食安全产生了一定的影响。

表4－4　　西部地区粮食播种面积、粮食产量及增减情况

单位：千公顷；万吨;%

地区	西部地区粮食播种面积				西部地区粮食产量		
	2000年	2008年	增减情况	变化幅度	2000年	2008年	变化幅度
全国	108463.0	106793.0	－1670	－1.54	46217.0	52871.0	14.4
西部	34528.8	32552.3	－1976.5	－5.72	12896.3	13951.9	8.2
西南	20875.2	18805.5	－2069.7	－9.91	8732.7	8459.5	－3.1
西北	13653.6	13746.8	93.2	0.68	4163.6	5492.3	31.9

注：表中数据经过四舍五入处理。

资料来源：《2009中国区域发展报告——西部开发的走向》，商务印书馆2010年版，第269页。

退耕还林、退牧还草、天然林保护等措施在一定程度上限制和改变了西部地区农牧民的生产方式，客观上影响了农牧民的收入。为此，国家通过粮食和现金补贴等方式来改善农牧民的生计。但是，由于该地区合适的替代产业难以短期建立形成规模，农牧民的生计转换问题没有从根本上得到解决。因此，期望通过大规模工程来解决生态压力和退化问题很难达到生态工程“减压增效”的目的。在补贴结束后，如果替代产业和替代生计没有建立起来，农牧民复垦、超载的风险依然存在。如西部农产品加工程度较低，技术水平比较落后，处于初级阶段，产品开发链条短、精深加工少，带动农牧民增收能力有限。加上农村风险保障体制远未建立，受到自然灾害的损失巨大，进一步限制了农牧民的增收。

总体来看，西部地区生态多样性降低，人均生态资源量匮乏，且结构不合理，生态资源质量不高，生态环境恶化。由于西部地区对土地资源的过度开发利用，植被受到严重破坏、土地退化、水土保持情况恶化、土地贫瘠，沙化荒漠化和石漠化严重，自然资源利用率不高，能源消耗高、污染严重。生态系统的自我调节和循环能力遭到大肆破坏，特别是2009年冬天的雪灾、2010年西南地区的大旱、2011年贵州的干旱。西部地区由于人口负担比较重，人均收入低，没有替代性产业增加收入，在很多的地区当代人在还没有解决自己温饱问题的时候更谈不上为子孙后代进行考虑而具有代际利他主义的倾向。

第五章　马克思主义生态文明观指导下的生态保护与治理

西部地区的自然环境相对恶劣、复杂，生态系统脆弱，经济发展与生态保护，人类生存与环境治理等方面的矛盾加剧。这些都需要我们重新考虑西部地区生态保护与治理的思路、方法与措施。党的“十七大”报告提出生态文明建设，要求进行资源能源节约和环境生态保护，生态文明建设是科学发展观的内在要求，是构建社会主义和谐社会的重要内容。因此，我们必须在马克思主义生态文明观的指导下，进行生态保护与治理。因为，马克思主义生态文明观强调的人与自然和谐相处，蕴含着科学发展的核心价值，是实现和谐社会的重要条件和前提。生态文明建设是中国共产党对马克思主义的创新与发扬，是与中国的实际国情相结合的产物，是马克思主义生态观在中国的实践。马克思主义生态文明观彻底摒弃“人类中心主义”观点，树立“以人为本”的新理念，是我国生态保护与治理观念的根本性转变。马克思主义生态文明观与科学发展观是一脉相承的，在生态保护与治理中贯彻科学发展观，必须以中国的实际状况为出发点，坚持发展与保护的统一，实现可持续性。马克思主义生态文明观的生态文明建设与和谐社会建设的目标是一致的，生态保护与治理应以建设环境友好型社会为目标，且体现公平正义原则。

第一节　生态保护与治理应以人为本

生态保护与治理问题的产生有着多方面的根源，最终可以归因于人类行为。因此，可以从人类行为的角度寻找生态保护与治理问题的根源。本节首先比较西方生态保护主义有关人与自然关系的几种观点，其次以人类行为为基本出发点，坚持以人为本的原则，深入分析生态保护与治理中“以人为本”的生态文明观。

进入工业化时代，随着生产能力的逐步提高，人的需求不断增加，人类对自然的改造也逐步加深，导致生态问题越来越严重。但是在生态保护的行为上，人类认识等方面没有随着人对生态环境的需求的增加而增加。究其原因，首先西方的工业文明是以“人类中心主义”为主导的，人类可以“使自己成为自然的统治者”、“使自己成为自然的主宰者”等，一切从人的利益出发，一切以人为中心，为人的利益服务。人类中心主义有很大的局限性，带有强烈的利己性、自私性。因此，在这种观念的指导下，则生态保护与治理充斥着矛盾，也就不可能解决此问题。

20 世纪 70 年代以来，西方的生态运动与社会主义思潮相结合产生了生态社会主义。在哲学基础上，生态社会主义反对生态中心主义的以自然为中心的观点，而坚持一种弱的人类中心主义。生态社会主义的价值取向既可以避免生态中心主义导致的自然神秘化与厌世主义，又可以使人类真正承担起在生态环境问题上的责任。[①] 相比于激进的生态中心主义，“这是许多人都能够接受的观点，它不要求彻底反思人们的道德立场”。[②] 由于生态社会主义坚持人与自然都是平等的主体，在实践中人类改造自然的活动就失去了其合法性。因此，关键是坚持什么样的人类中心主义，这就需要生态保护与治理的指导方向转变为马克思主义生态文明思想。

马克思主义生态文明观的核心是人与自然的和谐发展，从唯物辩证法重新思考人与自然的关系。人与自然首先是对立的，对立使人从自然中分化。但人与自然又是协调统一的：从本原上看，人也是自然存在物；从人的实践看，自然界为人类提供了劳动对象、劳动资料。

---

① 郇庆治：《欧洲绿党研究》，山东人民出版社 2000 年版，第 255 页。

② 布赖恩·巴克斯特：《生态主义导论》，曾建平译，重庆出版社 2007 年版，第 8 页。

人与自然是一种认识与被认识、改造与被改造的主客体关系，人因其能动性而占据主动地位，通过劳动实践改造自然，并为自身创造更好的生存发展条件；但人的劳动实践不能超出合理的限度，不能过分强调人的主体性。马克思主义生态文明观克服了近代形而上学主张“人类中心主义”，也摒弃了生态社会主义的劳动实践性不合法性。

一 什么是以人为本

以人为本是一切为了人民群众，尊重人民的权利、满足人民的需要、发挥人民的潜力、实现人民群众的发展。以人为本是科学发展观的本质和核心，既是对马克思发展观的继承，又在新的历史条件下赋予了新的时代内涵。

（一）结合中国实际状况

以人为本是中央根据新世纪、新形势、新任务的要求提出的一个重要的执政理念，是我们经济社会发展长远的指导方针，也是实际工作中必须落实的重要原则。它的确立是我党与时俱进的体现。长期以来，我们执政的主导思想是以“GDP”政绩为中心。经过30多年的发展，已经在城乡之间、区域之间、经济与社会之间、人与自然之间积累了重重矛盾。生态破坏严重、由环境污染引发的群体性事件的影响范围越来越广，且环境污染造成的人与财产损失不断扩大。这些在人与生态环境中发生矛盾的实际状况，是人与人利益关系上的冲突。如果这种关系没有处理好，最终会引起社会的不稳定。我们急需将以“经济增长”为中心的发展观，转变为“以人为本”的执政理念，不仅指导我国社会发展中的各项事务，也指导我国的生态环境保护与治理工作。

（二）现实的、历史的、具体的人

人不是一个抽象的概念，而是具体的、现实的人，是在某种具体的社会历史条件下从事某种实践活动的人。人是个性和共性的统一，也就是说，以人为本的人不仅仅指工人、农民、知识分子等群体性的人，也指个体意义上的人。强调“以最广大人民的根本利益为本”，不是以“个人为本”，但不是不重视个体，不排斥个体追求自身正当的利益。同时，人也是一定社会群体中的人，属于一个整体。但每个人都有自己独特的需求、能力、个性等，个体组成群体，由个体的属性抽象出群体的属性。如果否定个体的多元差异性及其不同利益诉求，那么群体的利益也就无从谈起，也就失去了实质性的内容。特别是在现代的信息化社会中，个人越来越追求个人自身价值的实现，追求多元化发展，追求个人自由的充分性。以人为本作为一种新的理念，是同个体意义上的人密切相关的。因此，“对于以人为本的理解，不能排除作为个体的人，其中包含着对个体价值的尊重：生命价值、劳动价值、创造价值、生活价值的尊重。离开了对每一个人价值的关切和尊重，以人为本价值观中的人道主义光辉就会显得黯淡”。[①] 当然每个人都是群体的、社会的人。以人为本就要实现各个阶层、各个群体的协调。我们既要充分地尊重和维护对个人利益与人民群众的根本利益保持一致的、正当的、合法的行为，又要毫不犹豫地反对以损害人民群众的根本利益为代价的个人利益诉求。

（三）以人民群众的根本利益为本

如何理解以人为本中的“为本”二字？首先，对于“为”的理解，主要指尊重和维护、追求和服务，且是正当的、公平的、合法的行为。在当今社会中，部分人社会道德沦丧，价值观扭曲，不公平、不合法地追求个人利益，不惜损害群体利益。其次，上述不正当、不公平和不合法行为的出现，从某种意义上说，就是“本”出现了问题。“本”是广大人民群众的根本利益。在社会大部分人都在追求个人利益的情况下，必然与广大人民群众的根本利益相冲突。因此“为本”就是正当地、公平地、合法地尊重、服务于广大人民群众的根本利益，以人的全面发展为目的和尺度，而不是以权力、政绩、指标、效益等为尺度。最后，要努力实现好、维护好、发展好最广大人民群众的根本利益，我们必须要摆正部门利益和群众利益、局部利益和全局利益、眼前利益和长远利益的关系，做到权为民所用，情为民所系，利为民所谋，而不是为个人、小部门、小集体用权，对群众安危

---

① 赵小芒：《科学发展观——马克思主义发展观的创新成果》，人民出版社2007年版，第81页。

冷暖漠不关心，更不是与民争利。此外，我们还要注意人治化、短期化和形式主义等问题。充分认识凭长官意志做事，人为干扰落实以人为本的法治环境的危害性；充分认识到追求短期利益有可能让社会付出长期的代价；充分认识到“走形式”、“走过场”，敷衍了事的形式主义行为。这些问题都会影响以人为本的落实，值得我们加倍地警惕和防范。

二　生态保护与治理为什么要以人为本

（一）“人类中心主义”、“生态中心主义”与“以人为本”

在生态保护与治理的理念中一直存在“人类中心主义”和“生态中心主义”的观点，而且争论不休。传统的人类中心主义强调以个人为中心的带有利己特征的价值理念，这种以“主体（人）”作为单一主体性关系的结构极易导致人对自然的统治和主宰；生态中心主义也把非人存在作为主体，即把自然、人都作为主体。这种关系结构把人与自然的价值等同，必将导致神秘主义和虚无主义，生态中心主义否定了人类改造自然的合法性。[①] 正如安德鲁·多布森认为“生态主义要创建一个可持续的和使人满足的生存、生活方式，必须以我们与非人自然界的关系和我们的社会与政治发展模式的深刻改变为前提”。[②]“人类中心主义”生态保护与治理观，多强调人对自然的改造和统治，弱化社会发展中的生态保护与治理意识。相对于西部地区的实际状况，经济还比较落后，人口众多，我们必须保持一定速度的经济增长才符合我国的根本利益。如果以“生态中心主义”生态保护与治理观，过分强调生态保护，而以“不增长”来要求西部地区的话，这无疑是不现实的也是不公正的，因为在我国，贫穷导致生态环境破坏的事件还比较突出。而且，“生态中心主义”在科学内涵上是逻辑上不能自洽的理论，在价值观念上是属于伪善式或假冒为善的理论。因此，在我国的生态保护与治理中，必须坚持“以人为本”，以经济增

---

① 范俊玉：《政治学视阈中的生态环境治理研究——以昆山为个案》，博士学位论文，苏州大学，2010 年。

② 安德鲁·多布森：《绿色政治思想》，郇庆治译，山东大学出版社 2005 年版，第 2 页。

长来解决生态环境问题，以生态保护与治理来促进经济增长。

（二）探寻生态保护与治理问题的根源

生态保护与治理中的问题的根源是人与人的利益冲突，主要是由人在生态保护与治理的观念、意识、法律法规、政治决策、经济政策、环境政策等社会关系上的认识不同造成的。这种利益冲突既可以是个人之间的冲突，也可以是群体之间的冲突，还有可能是个人利益与群体之间的冲突。具体的问题既有发展观方面，也有政策选择方面；既有文化观念的障碍，也涉及生态保护的公平性。这些问题的背后就是人在发展道路上出现了偏差。因此，解决生态保护与治理的问题，要坚持以人为本，以实现人的全面发展为目标，实现最广大人民群众的根本利益，包括后代人利益在内的人类整体利益。

（三）以人为本是科学的发展理念

在传统的发展观下，一些地方政府在制定发展战略、选择发展道路时缺乏生态保护的考虑，而把经济的高增长作为发展的主要目的。政府及其官员的政绩评价上都是以 GDP 等经济增长指标为标准，忽视了对生态环境状况的综合性评价。只顾短期的、局部的经济利益，不顾长期的、全局的利益。由传统发展观导致的生态破坏、环境污染的状况已对人类的发展造成了严重的危害。这种状况根本不符合最广大人民群众的根本利益的诉求，更谈不上促进人的全面发展。

以人为本的发展观是生态保护与治理的关键。以人为本的发展观关注人民群众的根本利益，也是生态保护与治理的关键。任何经济决策的制定，必须以人民群众的实际需要和现实生态环境承受力为前提；任何增长方式的确定，必须统筹兼顾人民群众各方面的利益，既能满足眼前需要，又有利于长远、持续发展；任何发展模式的选择，必须以人民群众的经济利益、政治权利、文化权益、资源环境权利的实现为基础。以人为本追求人与自然的和谐关系、追求人与人关系的和谐。以人为本要求我们充分重视并始终维护广大人民群众在生态保护与治理中的主体性地位，充分发挥人民群众的积极性和创造性。政府不仅要在生态环境保护治理过程中起到主导性的重要作用，也要重视广大人民群众的支持和参与力量，重视发挥人民群众的历史主体作用。

以人为本的发展观协调着生态保护与治理中的各种利益关系。生态保护与治理中存在中央与地方政府，发达地区与落后地区，城市与农村，政府、企业与社会公众，各个群体之间、群体内部等各种各样的利益关系。一是以人为本强调个人利益与群体利益的一致性，可以协调中央政府重视环境保护的战略与地方政府注重经济增长战略之间的矛盾。在环境保护与治理中，中央政府就全国或某一自然环境区域内多个行政地区的生态保护与治理问题进行协调。地方政府则应采取合作的态度积极贯彻执行中央的环境政策，努力从国家的全局和根本利益出发，应充分认识到国家利益受损，地区利益也一样会受损。二是以人为本的发展理念强调人与人的和谐关系，协调地区间、群体间、个体间的利益冲突。在现实社会中，人为“占有更多的物，统治更多的人，求得更大的名，结果不仅破坏了生态平衡，更加剧了社会矛盾”。[①] 以人为本的发展观改变人的世界观、价值观。人们不再屈从于旧的世界观，每个人按照自己的天赋、特长、爱好自由地行动。在生态保护与治理中，以人为本，有利于人们追求和保持人格、理想和社会形象，实现自己的价值观。当每个人、每个群体、每个地区都认为环境保护与治理不仅仅有利于自己时，也认识到了该行为有利于其他人，最终有利于全体人的发展。

以人为本使政府转变观念。以人为本是根据新世纪“新形势”新任务的要求而提出的一个重要执政理念，它要求政府职能由“经济管制型”转变为“公共服务型”，即转到为市场主体服务和创造良好的市场环境上来。围绕这一中心点，首先应抓好执政观念的转变。要反思和纠正以往只重视 GDP、财政收入和招商引资等经济指标而忽视生态环境、人的全面发展等错误做法。要扭转党政干部“以官为本”的成见，树立“以人为本”的理念，确立社会的可持续发展的新政绩观。一个服务型政府在生态环境治理中，可以有效地弥补市场在环境资源配置中的失灵。

---

① 张曙光：《生存哲学》，云南人民出版社 2001 年版，第 303 页。

以人为本的发展观可以促进社会公众参与环境治理。以人为本的执政理念强调人的各种权利，包括参与治理环境是公民环境权，有利于提高公民的环境保护意识，社会公众参与环境保护的权利得到充分的认识、肯定和保护后，才能调动社会公众的积极性、创造性。以人为本也体现出了人们对自身不良环境行为造成的生态环境问题的反思，有利于公民参与政府的环境决策，对不合理的政府行为进行监督。

三 生态保护与治理中如何实现以人为本

生态保护与治理中如何实现“以人为本”，就是要求我们的各项工作都要满足人民群众日益增长的物质文化生活的需要，注重人的全面发展。从胡锦涛关于“树立和落实科学发展观”的讲话中可以看出如何实现“以人为本”，就要“树立和落实科学发展观”，至于“科学发展观，是用来指导发展的，不能离开发展这个主题，离开了发展这个主题就没有意义了”。[①] 当研究和解决生态保护与治理过程中有可能出现的矛盾或冲突时，以人为本是应该遵循的最基本的指导思想。而要做到这一点，我们还应该进一步地做到：

转变发展观念，统筹兼顾各种生态保护与治理中的各种利益关系。首先，坚持以人为本，就是要求我们时刻牢记为人民服务的宗旨，在思想观念上，把人民群众的利益放到第一位。环境保护工作以人为本最直接、最实在的体现就是“使人的生活环境更美好，人与自然更和谐”。要正确处理好人与自然的关系。人类社会发展的历史证明，人是自然界的组成部分，人存在于自然“之中”，而不是“之外”。因此，不能再以“主人”身份把自然界当作被统治的“奴隶”，不能以“征服者”的姿态把自然界当作被掠夺的场所。而应在尊重自然规律的前提下合理利用自然，实现人与自然和谐发展。从而满足人们的需要，促进人的全面发展。其次，正确处理生态保护与治理的问题，以人为本要有科学的方法。以人为本这一核心而言，需要统筹兼顾各方面、各阶层的利益关系，充分调动全社会的积极性、主动性和

---

① 《保持共产党员先进性教育读本》，党建读物出版社 2005 年版，第 281 页。

创造性。

改善民生，保障生态保护与治理的建设。一是“以人为本”需要大力发展教育，提高人的素质，才能为生态保护与治理打下坚实的人力资源基础。继续加强教育投资、促进义务教育均衡发展，提倡教育的公平性。形成各级各类教育全面协调可持续发展的良好格局，保障经济困难家庭及其子女平等接受义务教育。加强各种环境保护教育工作，大力培训环境保护工作人员，通过生态保护教育，提高社会公众在生态保护与治理方面意识。二是扩大就业，调节收入分配结构，提高收入水平。贫困加重生态环境破坏，生态环境破坏使贫困加剧。千方百计解决好劳动力再就业问题，开辟多渠道再就业，创造就业岗位，开辟就业空间，实现就业、再就业。改善就业结构，引导劳动力向第三产业转移。健全劳动、资本、技术等各种生产要素按贡献参与分配的制度。尽快加大个人收入分配调节力度，合理调整收入分配格局。三是改善城乡人居环境，加强污染防治和生态修复。重点加强水、大气、土壤等污染防治；加强水利、林业、草原建设；加强沙漠化、荒漠化、石漠化治理，促进生态修复。大力发展环境保护产业，加快环境保护基础设施建设，全面改善城乡生态环境。四是完善社会公众参与机制，实践环境保护。环境保护工作必须坚持决策民主化、管理科学化、信息多元化、工作时效化，真正想群众之所想，急群众之所急。由于公众参与程度低，环境保护治理的速度和成效还不理想，由中国环境文化促进会组织编制的 2005 年中国公众环境保护指数得分为 68.05 分。这一数据反映出公众对环境保护关注度很高，但参与不强。一种原因可能是环境保护意识不足，另一种原因可能是社会公众参与环境保护的权利维护力度不高，对社会公众激励不足，导致社会公众享受不到参与环境保护后应得到的权利。例如，在一些重大的环境保护决策时，社会公众根本没有权利参加，连最基本的知情权都没有，哪来以后其他的权利呢？政府要真的以人为本实践生态保护与治理工作，必须要让社会公众、企业、非营利环境保护组织等各级群体参与环境决策，使环境决策更加合理、科学，而不是拍脑袋定项目，形成政府和公众社会之间的一种良性互动的关系。具体的解决方法可以有举行公众听证、问卷调查、媒体参与、项目公开等形式，自由参与而不是推选，进一步加大公众参与力度。

转变经济增长方式，全面提高国民经济的整体素质和竞争力。要着眼于提高经济发展的质量和效益，必须进一步深化经济体制改革。继续深化企业改革，健全现代企业制度，积极推进经济结构调整，促进资源优化配置。大力发展循环经济，节能环境保护型产业，推广和普及节能技术。引导全社会树立节约能源、资源的意识，提高公众的参与水平。提高生活质量，推动整个社会走上生态良好的文明发展道路。

完善有利于节约能源和保护生态环境的法律和政策。以人为本我们也要加强法治建设，特别完善有利于节约能源资源和保护生态环境的法律和政策，消除制度性障碍。不断完善规划，加强监管，建立节能减排、保护环境的目标责任制和行政问责制。加强环境立法，严格环境执法，推动保护环境走上法制化轨道。

四　生态保护与治理中实现以人为本的评价尺度

生态保护与治理的好坏，效益如何？要以人的全面发展作为评价尺度。以人为本是评价社会进步的主体尺度。① 当然社会的进步也体现在生态环境有效保护与治理上，可以试想一下，一个社会连生态环境都保护不了，怎么能体现社会的进步呢？因此生态保护与治理中也要实现以人为本的评价尺度。中国有着自己特殊的国情，如何评价生态保护与治理的好坏，现在还不能以其他国家的标准作为参考物，因为其他国家的评价尺度不一定适合我国的具体情况；同时，我们也没有可以参考的历史标准。因此，只能在考虑多方面因素的情况下，把中国的基本国情与马克思主义的哲学原理充分结合，提出生态保护与治理中也要实现以人为本的评价尺度。

生态保护与治理的效益最终应反映到人是否享受到这种好处，会不会促进人的全面发展，这是一个价值评价尺度。以人为本不仅仅是

---

① 宋德孝：《以人为本：社会进步三维评价尺度中的主体尺度关切》，《中共南宁市委党校学报》2008 年第 3—4 期。

一个执政理念，而且也是一个价值标准。只有认识到生态保护与治理的价值标准，才能真正做好这项工作。否则有可能会陷入只有科学技术才能解决生态保护与治理这样一种价值体系中，也有可能陷入只承认人类是唯一价值的观念中，还有可能陷入以生态保护与治理为中心的价值观中。因为这些价值观并没有辩证地考虑人与自然的和谐关系，并没有认识到以人为本的核心就是人的全面发展。

如果生态保护与治理并没有把以人为本作为评价的价值标准，而只是以一种低级的、不正确的价值尺度评价生态保护与治理，有可能使我们的工作陷入一种以低标准实施生态保护的状况中，将不会使生态环境治理发生转变。如不以人为本，政策则不能充分考虑当代人与下代人生存的冲突；不以人为本，则不能明确人在生态产权中的责任、权利与义务；不以人为本，则不能充分转变传统的发展观念；不以人为本，则不能协调各种利益关系；不以人为本，则不能保障社会公众的环境权。这些生态保护与治理所需要做的工作，没有把以人为本作为评价尺度，或者说以一个低级的、不符合我国国情的参考标准作为评价尺度，这样我们的环境保护工作将得不到进步。以人为本的评价尺度，在思想上约束生态保护与治理中的不合理的认识，纠正了生态保护与治理工作的错误方法，使我们的生态保护与治理工作具有了自己的价值标准，为我们顺利开展生态保护与治理工作提供了应有的保障。

第二节　生态保护与治理应贯彻科学发展观

西部地区发展已越来越受到环境和资源的强烈约束，环境资源承载力已接近临界值。所有这些，都充分显示出以 GDP 为导向的经济发展观的弊端。西部地区所面临的生态环境问题迫切需要转变传统的发展观，以促进环境和经济的协调发展。

一　生态保护与治理应从实际出发

科学发展观的第一要义是发展，因此，我们要在生态保护与治理中考虑发展，在发展中促进生态保护与治理。生态保护与治理要从实际出发，从我国的实际基本国情出发，不了解实际状况怎么可能挖掘生态保护与治理的问题？如何从实际出发，我们需要做到以下几点：

首先，要充分认识中国生产力的水平和状况。马克思主义认为，任何思想理论都是一定时代条件下社会实践的产物。当前，经过大力发展生产力，温饱问题已基本解决，并开始着手进行小康社会全面建设的新阶段。但现在生产力水平和状况还没有使我国达到人的自由全面发展的物质条件，我们还需要不断大力发展生产力，不断为政治、文化和生态等社会方面创造更多的物质条件，才能更有效地进行生态保护与治理工作。假设我们还处于贫困地步，则很少有人去关注生态保护与治理。西部地区应保持一定速度的经济增长，而不能一味地要求生态保护与治理，物质的贫穷而导致了更多生态环境的破坏。我们所说的生态保护与治理是置于科学发展观的框架中，和发展问题紧密相连。但在当前的发展中出现了新矛盾、新挑战，存在“见物不见人”的发展误区，因此我们也要充分认识大力发展生产力过程中传统发展观的弊端，特别是对生态环境的影响。我国生产力水平不高且发展中存在弊端是目前社会必须正视的实际状况，生态保护与治理也必须从这种实际状况出发。

其次，要充分认识人力资源素质水平。生态恶化、环境污染等问题产生的一个影响因素就是现实中我国人力资源素质水平较低，特别是环境保护的观念淡薄，对环境的严峻形势认知不清，消费观念陈旧，缺乏主动参与生态保护的思想意识。特别是一些企业受经济利益驱动，超排、偷排严重，甚至连基本的环境设施都没有，有的也没有全部使用。一些民众，虽然物质财富丰富，但高消费、高消耗、高享受的生活观念使环境污染更加严重。因此，通过科教兴国战略的实施，提高劳动者素质，努力通过人力资源的开发，为我国的生态保护与治理提供强大动力。

再次，要充分认识我国生态环境的恶劣、脆弱性。我国的自然环境恶化，水资源严重短缺，草地面积不断退化，草场质量严重下降，森林生态功能降低，土地荒漠化、石漠化的现象非常严重。在城市工业污染还没有有效治理的状况下，城市生活污染在不断加重，汽车尾气、生活污水垃圾的排放等严重污染了人民的生活环境。此外由于农村的环境保护设施不足、技术落后，再加上城市污染向农村地区的转移，使农村环境污染出现日益加重的趋势。由生态破坏、环境污染造成的疾病与人的伤亡事故不断增加，财产损失更是巨大。此外，我国的生态脆弱区大多是经济相对落后和人民生活贫困的地区，也是我国环境监管的薄弱地区。其中，人类活动的过度干扰是西部地区生态环境脆弱性的直接成因。我国环境污染损失占 GDP 的 3%—8%，生态破坏占 GDP 的 6%—7%。[①] 目前，我国多种环境污染和生态破坏问题并存，环境污染面广和环境污染损失更加严重并存。我们必须在生态保护与治理上，正视当前的实际状况，正确应对与合理选择，以迎接环境与发展新阶段的到来。

最后，要充分认识生态保护与治理中的问题。针对中国在新世纪的多重环境挑战，为实现科学发展观的综合目标，需要建立新型的生态保护与治理体制以及相应的制度安排。目前的生态保护与治理体制的综合与协调能力明显不足，手段不够完善，生态保护缺乏统一监督管理。新型的生态保护与治理体制应加强对生态保护与治理的统一监管和部门间的协调，以解决职能交叉、多头管理、政企不分等问题。通过建立统一监管机制、协调机制、综合决策机制和社会参与机制，确保管理体制的正常运转和目标的实现，从而比较完整地体现环境保护与可持续发展工作的统一性、协调性和综合性的要求。在新的环境形势下，应及时调整发展政策与环境保护战略，从产生环境问题的动因入手，通过制度、体制和政策创新，采用科学的综合决策，以实践指导决策，促进建立可持续的社会经济体系。同时不断改善治理结构，鼓励利益相关者的广泛参与，提高民间环境保护组织的能力建设，加强国际环境合作，有效地推进可持续发展的进程。中国面临的资源环境问题是十分复杂的，原因是多方面的，并且不断出现各种新的趋势和问题。因此，在生态保护工作中，我们必须从实际情况出

---

① 环境保护部：《全国生态脆弱区保护规划纲要》，2008 年 9 月。

发，紧跟生态环境出现的新趋势和新问题，才能使生态保护与治理更有效率、更有效果。

二　生态保护与治理应坚持发展与保护的统一

要想从根本上解决生态环境问题，必须从发展观入手，改变错误的发展观，形成科学的发展观。我们可以发现发展的同时也要进行生态保护与治理，保持发展与保护的统一，既不能只顾发展，也不能只顾保护，两者偏一不可。在发展中解决环境问题，在保护中促进发展。发展与保护的关系是不可分割的，两种关系相互影响、相互制约，两者是对立统一的两个方面。

生态保护为经济发展提供良好的物质条件，如果生态保护与治理能使生态环境自身对发展活动中废弃物的扩散、消化等自身修复能力得到增加，这将使发展活动得以正常进行。生态保护虽然在短期内增加了发展的成本，但长期是有利于发展的，否则不加保护，资源短缺、环境污染和生态破坏都将成为发展的成本，反噬着发展的成果。如污染使疾病增加，损失更加严重，生态环境破坏使地质气候等灾害次数频繁，影响人类的生存。发展又对生态保护具有主导作用，离开了发展，解决不了生态环境问题。经济的发展可以为生态环境的保护提供强大的技术支持和物质保证；经济的发展使人的收入提高，人将有能力进行生态保护，否则人连基本的生存都达不到，保护就更不用说了。人的发展将使自身的素质提高，环境保护意识提高，使人有更大的可能性进行生态保护。同时生态环境的保护对人类价值和生存质量的影响也会促进人类不断改进发展的方式，从而不断协调发展与保护的关系。

在矛盾运动过程中两者都要兼顾，重生态建设轻经济增长，生态建设缺乏必要的经济支撑；重经济增长轻生态建设，经济建设缺乏必要的生态保障。要明确两者关系所处的阶段和特点，以矛盾运动的观点看待发展与保护的关系，当经济增长水平较低时，发展经济为矛盾的主要方面；随着经济增长水平的提高，保护生态环境就上升为矛盾的主要方面。在我国当今的发展状况下，要转变为生态保护与经济增长并重，在生态保护中求发展，在发展中促进生态保护。

三　生态保护与治理应具有可持续性

在发展过程中，要注重生态环境保护的可持续性。发展是长期的，要求生态保护也是长期的、可持续的。否则，一方面，不能维护现有的生态保护成果，使生态环境再次破坏。另一方面，则不能维护发展给人类带来的好处。如生态破坏使已脱贫的人又重新返贫，或者贫上加贫。

首先，保证发展观的可持续性，长期贯彻科学发展观。我们不能片面地追求GDP的增长而置生态环境于不顾，要转变传统的经济增长方式，优化经济结构和促进产业结构升级，促进生态环境与经济建设协调发展，真正使我国走上生态良好的文明发展道路。可持续发展要求我们高度重视生态环境的保护，重视资源的可持续利用，促进代内发展和代际发展有机结合。可持续发展要求我们高度重视资源的可持续利用，没有生态的可持续性，就没有社会发展的可持续性。坚持生态环境的可持续性在本质上是为了以人为本。为了实现人的全面发展，不仅要考虑当代最广大人民群众的根本利益还要考虑发展的长远价值。如果我们只重视当代社会物质财富的增长和人民生活水平的提高，则人的发展则不是可持续的。如果我们只重视当代人的发展需要，漠视后代人的生存权利和发展需要，那么生态保护则没有保证。因此，我们要坚持发展观的可持续性。

其次，实现资源的可持续利用。我国西部地区由于人均资源占有率低，资源使用率低，坚持可持续发展观，树立正确的资源观，采用有效的利用方式，坚持资源开发与节约并举，依法保护和合理使用资源，是实现可持续发展的重中之重。坚持保护耕地的基本国策，实施土地利用总体规划，合理调整土地利用结构。改善水资源的利用，全面推行节水技术和措施，发展节水型产业。加强草原保护，禁止乱采滥垦，防止超载过牧。深化矿产资源使用制度改革，规范和发展产权市场。加强废旧物资回收利用，加快废弃物处理，促进废弃物转化为可用资源。

实现资源的可持续利用应当采取以下方式：改变传统的生产、生活和思维观念并建立资源节约型社会体系，把长远利益和当前利益相结合，建立符合区域生态效益、经济效益和社会效益的资源利用体系；建立区域内和区域间的资源协调利用市场体系，完善资源管理制度并充分发挥市场机制在资源配置中的基础性作用；以科技为先导实施资源消耗零增长战略并实现人力资源与自然资源的有机结合。

最后，保证生态保护与治理政策的可持续性。一是政策执行的可持续性。因为一个生态经济政策一般具有政策时滞性，真正达到预期效果的可能需要好几年的时间，如果在此期间改变生态政策，则导致政策失去应有的效果。同时对接受政策的主体造成自己保护生态环境并没有得到好处，下次就没有动力再去实施政策。这种政策的反复也造成了政府信誉的危机。此外，政策的实施过程一般是动态不一致的，如果不能长期可持续执行，则导致政策越来越偏离均衡。这些都将降低生态保护的积极性。二是以可持续理论为指导，实现生态保护与治理的市场机制、法律制度的长期培育。研究环境公益的界定、确认、维护、分配，构筑法律制度新体系。[①] 三是以可持续发展观为指导，实现技术创新的可持续性。技术创新的可持续性主要体现在：为生态保护与治理提供技术支持，倡导绿色科技观，开发研究推广清洁生产、循环经济、生态经济为特征的技术。加强技术创新的制度供给，加强知识发展的基础设施建设，优化创新环境，完善法制保障。

第三节　生态保护与治理与和谐社会建设

构建社会主义和谐社会是一个不断化解社会矛盾的持续过程，当然人与自然的矛盾，生态保护与治理的矛盾都需要我们持续地化解。人与自然的和谐是社会和谐的基础条件。人与自然的和谐是建立在经

① 李启家：《环境保护市场化、产业化与环境法律制度创新》，《武汉大学环境法研究所基地会议论文集》，2001 年，第 8—11 页。

济高度发展基础上的和谐。也就是说，和谐既是目的，又是手段。在构建和谐社会过程中，必须统筹人与自然的和谐发展，做到资源永续利用和保护生态环境的统一，确保社会系统和生态系统的和谐发展，实现人与自然和谐共生。

一　生态保护与治理应以建设环境友好型社会为目标

面对严峻的资源、环境形势，我国提出必须大力推进资源节约型、环境友好型社会建设。生态保护与治理就是要给人的全面发展提供一个发展环境，而且这个发展环境是友好型的。当我们在生态保护与治理中有了指导思想——科学发展观，有了评价尺度——以人为本，那么就有了生态保护与治理的目标——建设环境友好型社会。

生态保护与治理是建设和谐社会的内在需要。从改变传统的经济增长的方式入手，寻求新的社会发展模式。要求我们建设环境友好型社会——生态友好的生产方式和生态文明的生活方式作为生态保护与治理的目标。只要我们的生产方式和生活方式从根本上转变为环境友好型了，就是对自然、环境、资源的一种保护，因为它减轻了人类的活动对自然、环境、资源的压力，稳定了生态经济系统，也充分尊重人的全面自由发展。生态保护与治理，就是要协调和谐社会建设中的人与自然的矛盾。生态保护与治理所强调的转变发展观、绿色经济、倡导的社会公众参与机制，统一协调的环境管理政策等方法，就是推动和谐社会发展的持续动力。生态保护与治理，促进人与自然的和谐，为人民提供可持续、优质的生活环境，也是构建和谐社会的核心内容。因此，生态保护与治理是建设和谐社会的内在需要。

社会的发展归根结底是以人的发展为本位的，生产的终极目的仍是追求人的全面发展。人的全面发展既包括物质文明、精神文明的发展，也包括政治文明、生态文明的发展，关键在于坚持“以人为本”，达到生态友好的生产方式。这要求我们在生态保护与治理中，考虑生态环境是有价值的，要把此价值放入生产过程中。在生产成本中体现生态环境的成本，在生产价值中实现生态环境的价值，树立生产的生态价值观。生态友好的生产方式，要求我们通过转变经济发展方式，优化产业结构，推广循环经济，发展低碳经济等战略，促进生产领域的生态保护与治理。生态友好型生产方式，要求我们健全生态法制体系，加大执法和监管力度来约束生产中的不友好行为。因此，只有满足并履行上述的要求，才能使生态保护与治理达到生产方式的生态友好。反过来，生态友好的生产方式也会在价值观上促进生态保护与治理，一方面，使政府具有生态的发展观，处理好经济发展与环境保护的关系；另一方面，使企业在生产过程中，始终将经济效益、社会效益和生态效益结合起来。

人们利用自然、改造自然的根本目的是满足人的需求。然而，资源的有限性与人的欲望的无限扩大构成了一对矛盾。必然要求我们进行生态保护与治理，改变生活方式，形成生态友好的生活方式。这关键在于提高生态伦理价值观，转变人们传统的生活消费观念。注重消费的适度性、环境保护性，改善消费结构，端正消费行为。建立生态友好的生活方式还需要我们清醒地认识到现在生活方式对生态环境的危害，特别是城市生活环境污染。生活污水、垃圾、汽车尾气等的污染已经让城市生活环境变得越来越差，由此引起的疾病以及损失已经严重影响到城市居民的生活质量和幸福感。因此，我们也要加强对城市环境污染的治理。一方面，不仅要提高自己的环境保护意识，还要培养下一代的环境保护意识，从点点滴滴做起，真正做到环境保护意识在心中，此外，尽可能地利用各种方式宣传环境保护。另一方面，社会公众要积极参与城市环境保护工作，参与城市环境设施建设的决策，并献策献计；积极监督政府、企业的环境保护行为，做到敢言敢动。

有人会质疑，我国是发展中国家，物质财富还没有达到满足人民的生活需要，怎么才能改变生活和生产方式呢？只有物质财富达到一定水平后，才能建设环境友好型社会。当然我们承认这个事实，但我们还应该充分认识到生产方式和生活方式已经严重破坏了生态环境，影响了人的生存环境，损害了后代人的利益。因此，我们的目标不能丢，没有目标连追赶的机会都没有了。所以在建设环境友好型社会的目标下，加快生态保护，促进人与自然的和谐发展。

二　生态保护与治理应体现公平正义原则

（一）生态保护与治理体现公平的意义

体现公平正义是与可持续发展观一致的。生态保护与治理的公平性与可持续发展是一致的；反之，不公平则导致发展的不可持续。如果对生态地区的贫困现实不加以改变，生存的巨大压力迟早会导致生态的重新破坏，最终影响全社会的可持续发展。

体现公平正义是与马克思主义政党本质一致的。生态环境问题，以及生态保护与治理出现了不公平，最终将影响社会的稳定和发展，需要给予高度重视。我国政府在生态保护与治理中保持公平性，体现了社会主义“实现共同富裕”的本质要求，也是以“立党为公”为宗旨的马克思主义政党奋斗的根本目标。正视环境不公问题，正视发展过程中存在的问题，如“流域环境问题”、“生态补偿问题”、“社会参与问题”、“污染事故的影响”等。我们绝不能满足于已经取得的环境保护成就，必须对环境不公问题进一步关注和重视。

体现公平正义是构建和谐社会不可或缺的内容。社会主义和谐社会是公平正义的社会。公平正义是和谐社会的基本要素和核心价值。在这个意义上，公平包含着和谐，和谐内含着公平，没有公平就没有和谐，公平是实现社会和谐的前提和根本，也构成了和谐社会其他要素的基础。按照公平正义原则确定生态资源价值，按照污染和资源消耗确定生态补偿，按照公平性提高社会公众的参与权等，将有利于真正、充分、持续地激发社会的生态保护与治理意识。

体现公平正义是坚持以人为本的科学发展观的基本要求。公平尽管可以从不同角度进行解读，但它都是以人为主体的公平。以人为本应当是“更加注重社会公平”的出发点和归宿。坚持以人为本的科学发展观，就是要以实现人的全面发展为目标来考虑人的权利公平、机会公平、规则公平、分配公平。在生态保护与治理中，也应该考虑这些公平性，环境保护参与的机会公平、政策规则制定实施公平、资源环境权利公平等。

（二）应注意的几个重点

在生态保护与治理公平上还必须明确重点人群和区域，从而有的放矢地采取有效措施来解决现存的问题，我们需要注意几个重点：

一个事件：由环境污染造成的群体性事件。虽然我国在工业污染方面做出了巨大的努力，基本上控制了工业污染，但也有反复的趋势。而且我们应该注意到现在的工业污染已经变得越来越复杂，产生的污染事故造成的群体性事件越来越多，影响也越来越严重。多发的群体性事件一方面反映了法律制度不能保障人民群众的环境权益甚至生命健康，实乃无奈之举；另一方面极端的行为方式在一定程度上影响着社会的正常秩序，威胁着社会的稳定。这些事件背后的根本原因就是政府处理事件的不公平性，重视企业利益，轻视群众的利益。

两种资源：生态资源和能源。在使用这两种资源的问题时，特别是草地和水资源，不公平性问题十分严重，“公地悲剧”多次地在多地出现。此外，各地区矿产资源的不合理开采，环境污染严重。企业发展了，但地区群众受到污染了，当代人受益了，后代人则没有资源了。受益了但不补偿、污染了但不赔偿的行为比比皆是。

四个方面：代际不公平、阶层不公平、城乡不公平、东中西不公平。我国存在许多环境不公平的现象，生态环境的恶化会使每一个人都受到损害，但有些人受益、有些人受损。当代人过度使用后代人的资源，损害了后代人的利益，出现了代际公平性问题。农民为现代化付出了巨大的代价，但他们远远没有享受到现代化的成果。污染防治投资大部分投到工业和城市，农村的环境保护投资少之又少。此外，现在的城市污染也向农村转移，更增加了城乡的不公平性。在地区之间，西部地区不断将资源输往发达地区，但发达地区却没有给予其足够的补偿；在阶层之间，富裕人群占有的资源大，消耗量大，排放的污染物也多，而贫困的人没有能力选择生活环境，对因污染而带来的人身健康问题无能为力。[①] 这些环境不公平极易造成矛盾和冲突，一些弱势地位的群体或地区更有可能出现盲目破坏生态环境的行为。

（三）提高生态保护与治理公平的若干思路

强化环境公平理念。生态保护与治理多关注于污染和治理问题，

---

① 潘岳：《保护环境即是促进社会公平》，《中国新闻周刊》2004 年第 11 期。

但对保护与治理的公平性问题关注不足。因此，我们要逐步强化环境公平理念。从以人为本的视角出发，公平就是每个人能够获得全面、自由发展的平等机会，让大家都能分享生态保护与治理的成果，分享生态文明的公平福利。

加大对弱势地区的支持力度。对生态环境脆弱地区、贫困地区、农村地区等的生态环境保护与治理，不仅在投资上，还要在政策支持、法律制度方面给予大力支持。对由污染造成重大损失的群众，给予足够的保护与补偿。

加快发展。尽管前进道路上还存在这样或那样的问题，也面临着不少的矛盾，有的问题和矛盾还十分突出，但这都属于发展中的问题，需要通过发展来逐步解决。只有增加社会财富，增加环境脆弱地区、贫困地区群众的收入，才能更好、更快地解决环境保护与治理公平问题。

深化改革，减少体制性因素导致的不公。现行的资源环境管理体制已不能适应新形势环境问题的变化和要求，目前资源环境管理体制的综合与协调能力明显不足，手段不完善，生态保护缺乏统一监督管理。缺少良好合作的部门分工管理体制与环境保护的整体性以及可持续发展的目标相背离，资源环境管理体制急需变革。由于缺少行之有效的生态补偿机制，流域内部和区域间的环境协调没有必要的制度保障，健全区域和流域的环境与资源保护管理体制。通过制度创新，加快建立和完善统一监管机制、协调机制、综合决策机制和社会参与机制。

第六章　西部地区生态保护与治理的对策建议

脆弱的生态基础，恶化的资源环境，使西部在资源存量和环境承载力两个方面都已经承受不起传统经济发展模式下高强度的资源消耗和环境污染。西部地区生态环境的恶劣与复杂性，生态保护与经济发展、人类生存之间的矛盾，日益增加的社会经济压力，使西部地区生态保护与治理问题性质、类型、结构都呈现出复杂性、变化性。西部不再具备“先污染、后治理”的条件，西部开发不能继续以资源大开发为中心，以环境大破坏为代价，必须改变传统发展模式，避免“高增长、高消耗”、“先污染、后治理”的工业化陷阱。因此，针对西部地区生态环境问题以及生态保护与治理中的问题，在马克思生态文明观的指导下，本书提出以下对策建议：西部地区的生态保护与治理必须坚持生态文明建设的生态保护与治理的战略选择，坚决落实科学发展观，以建立和谐社会为目标，以人为本，全面树立生态文明观，促进西部地区的可持续发展。建立新型的生态保护与治理体制，加强制度、政策创新与建设。大力发展生态经济，促进走可持续的工业化和城市化道路，建立可持续的社会经济体系。改善治理结构，鼓励利益相关者的广泛参与，提高民间环境保护组织的能力建设。以科技创新解决生态保护与治理中的关键难题。以文化建设推动生态保护与治理。通过以上对策建议，进而统筹人与自然的协调发展，统筹经济与环境的协调发展，统筹西部、中部和东部的协调发展，统筹城市与农村的协调发展，统筹西部地区间的协调发展，实现生态环境与发展的“双赢”。

第一节　生态保护与治理应遵循的基本理念

西部地区的生态保护与治理必须坚决贯彻落实科学发展观，以建立和谐社会为目标，以人为本，全面树立生态文明观，才能促进西部地区的可持续发展。科学发展观是关于发展的科学理论体系，是我国经济社会发展的重大战略思想和指导方针，同时也是生态保护与治理的指导思想。在西部地区生态保护与治理中，科学发展观是对片面追求经济政治的发展观的修正，指导着生态保护沿着科学的轨道运行；科学发展观追求着人与自然的和谐关系、人与人的和谐关系，坚持以人为本，指导着环境和资源友好型的社会建设，指导着和谐社会建设。

一　改变传统发展观念，贯彻科学发展观

（一）发展观念的转变

科学发展观不仅强调发展，而且强化了生态保护与治理的观念。西部地区落后的发展观，使西部地区生态保护与治理效果成效不明显，严重影响了经济的转型，社会的进步，人民的生活。这些情况的存在足以说明，要真正全面落实科学发展观，转变发展观念并非易事。发展观念的转变，主要是实现经济增长方式的转变。必须向依靠提高资源利用率转变，向经济增长的集约型、循环型、生态型转变。树立以提高质量效益为中心、大力发展绿色技术循环经济，大力发展生态产业。政府要充分认识到传统经济增长方式的危害性，转变经济增长方式的紧迫性、必要性，确保经济增长方式的顺利转变。

（二）政绩观念的转变

能否把生态环境保护好、治理好，能否把科学发展观落实到位，关键在于政绩观念的转变。政府的环境保护意识的提升则是生态保护与治理的关键。各级政府尤其是政府中的领导干部掌握着地区发展的战略决策权力，在推动整个社会发展中担负着重要的责任。如果政府的行为缺乏正确发展理念的指导，势必要产生较严重的不良后果。我

们要坚持以科学发展观为指导，强化政府生态保护与治理的观念，指导着生态保护与治理沿着科学的轨道运行。

首先，要转变各级政府的执政观念和政绩观，特别是树立正确的政绩观，强化各级领导干部的可持续发展意识。其次，以科学发展观为指导，各级政府要树立正确的生态文明理念，必须充分发挥党作为权力中心的作用，加强党对政府部门的领导。自上而下地加强各政府部门对科学发展观的学习，使之成为全面指导政府行为的自觉意识。再次，通过培训、讲座的形式对各级政府的领导干部进行生态保护与治理的教育，将生态保护教育设为必修课程，对各级领导干部进行系统的培训和教育。通过学习，使各级领导干部能了解西部地区生态环境的基本状况，增强对生态保护与治理重要性的认识和理解，掌握一些基本的环境专业知识和环境保护政策法规，提高生态环境与经济发展的综合决策能力，在实践中自觉地谋求经济增长与生态保护的协调发展。最后，我们要按照科学发展观的要求，建立科学的考评体系，健全决策责任追究制度。应改变以 GDP 为唯一标准的考核方式与政绩观。

（三）生活观念的转变

落实科学发展观，还必须实现生活观念的转变。这种观念的转变，各级政府既要带头又要引导，全体公民也要践行。首先，政府应该具有环境忧患意识、危机意识，认识到生态环境的脆弱性、资源的有限性。比如，资源环境承载已达到极限，生态恢复功能减退方面也非常明显。政府还要有生态保护与治理的责任意识，要珍爱资源环境，为建立资源能源节约型、环境友好型政府做贡献。其次，社会公众必须树立正确的生活观念，转变奢侈的生活方式、消费方式，提高节约资源能源的意识，对现有生态环境一定要倍加珍惜。社会公众也要积极参与生态保护与治理，通过参与监督政府、企业的生态保护与治理的行为，促进政府、企业生态保护与治理意识与水平的提高。

（四）创新观念的转变

增强自主创新能力，加快制度创新，优化经济增长结构，提高经济增长质量，可以有效解决我国社会发展中的生态环境约束问题。这需要我们在生态保护中大力提高创新能力，加快生态保护与治理的制度创新、技术创新，建立统一监管分区治理机制、协调机制、综合决策机制和社会参与机制等。建立以企业技术创新为主体，把循环技术、绿色技术作为企业生态技术的发展方向，大力提高企业的生态环境保护与治理水平。

二　科学发展观追求和谐关系，坚持以人为本

科学发展观不仅追求人与自然关系的和谐，也追求人与人关系的和谐。两者是不可分割的，两种关系相互影响、相互制约。一方面，人与自然的关系是人与人关系的基础。另一方面，人与人之间的关系是影响人与自然之间关系的更深层次的因素，虽然影响是间接的，但却具有决定性的意义。因此，要协调人与自然的关系，必须相应地协调人与人之间的关系，不消除人与人之间的矛盾就不可能真正实现人与自然的和谐发展。

要想达到资源、环境友好型社会、和谐社会的目标，实现人的全面发展，必须坚持以人为本。首先，人是发展的前提。社会发展规律，实质上就是人的活动规律。若离开人与人的活动，就无所谓社会及其发展规律和发展趋势。其次，人也是发展动力。人是经济社会发展的实践主体，是创造社会财富的物质生产过程中唯一能动的因素。最后，人是发展的目的。人类在改造自然的过程中，使其发生有利于人的生存与发展的变化；改造自然也改变人类自身的生理与心理结构，提升自身的主体能力，优化自身的思维方式和行为方式。人的全面发展，是发展所应追求的最高价值，是衡量发展的最高价值尺度。因此，实现人与自然关系的和谐，人与人关系的和谐，实现人的全面发展，达到社会和谐的目的，我们需要尊重人的权利，依靠人的参与，提高人的素质，体现公平公正，一切为了人的利益。

（一）尊重人的权利

要尊重人的生命、人的需要和人的价值。尊重人的生命，满足人的需要，实现人的价值，是尊重人的基本要求，所以我们要加强生态保护与治理，因为环境的恶化直接影响着人的生存。要尊重人的环境权利。如不能尊重人的环境权利，将不可能提高生态保护的水平。坚

持以人为本，促进生态保护与治理，实现人与自然的和谐，应始终坚持尊重人的权利。

（二）依靠人的参与

人不仅是经济社会、资源环境协调、可持续发展的主体力量，社会的发展与生态的保护必须依靠人的积极参与。依靠人，就是要紧紧依靠最广大的人民群众，调动一切积极因素，积极监督政府与企业的生态保护与治理，参与环境保护，提高环境保护的自觉意识。只有全民参与、全面参与、持续参与，人的环境保护利益才能保证，才能实现资源环境友好型社会。

（三）提高人的素质

发展与环境保护要不断提高人民群众的整体素质。实践表明，丰富的自然资源并不一定能提高发展水平，如我国西部地区拥有富集的资源，但没有发挥比较优势，主要是因为社会公众的思想道德素质和科学文化素质水平还有待提高。提高人的素质，远比自然资源的数量更重要。而且人的全面发展其中之一就是提高人的素质。因此，我们要实现发展观的转变，经济社会、资源环境的可持续发展，人才的开发和利用起着基础性、战略性和决定性作用。

（四）体现公平公正

此外，和谐关系还要在生态保护与治理中体现公平公正。只有正当地、公平地、合法地尊重和维护，追求和服务于广大人民群众，才能真正体现广大人民群众的根本利益。一方面，政府要做到政治措施的公正出台，包括公正、公平、公开的政治参与和政治决策，切实体现平等的法制观念的建构，建立公正的市场经济运行机制，具有可靠的、公正的社会监督机制。另一方面，政府要公正地对待环境资源，保障环境资源得到公正的分配，对环境资源进行合理的开发与利用。政府在处理环境问题时，要公正、公平、公开地对待广大人民群众的利益。

（五）一切为了人的利益

资源环境的破坏以及对人生存需要的影响，不仅不符合人民群众根本利益，也谈不上促进人的全面发展了。不仅要满足人的物质生活需要，而且要满足人的政治生活、精神生活与生态环境需要。通过社会主义社会物质文明、政治文明、精神文明与生态文明的建设，不断满足人的各种利益，使发展的成果由人民共享，才能赢得最广大人民的拥护支持，才能提高人民群众参与经济社会发展和生态保护与治理的水平，才能实现资源与环境友好型社会，为和谐社会奋斗。

三　坚持统筹兼顾的方法

我国人口多，自然资源与耕地极其短缺，实现人与自然间的协调发展不容易。从长时段的历史来讲，发展不是短期发展，而是长期的可持续发展。因此，在发展中做到统筹兼顾，充分调动一切积极因素，妥善处理各种利益关系。

在马克思的生态文明思想中，不仅人与自然是相互作用、相互影响的，而且社会系统中的经济、生态环境时刻处于相互作用的密切联系中，生态环境的状况影响着社会经济系统中的各个领域，特别是经济发展领域。只有各个子系统互相协调、互相促进，才能使整个社会系统稳定、有序、持续地运行与发展。如果没有统筹兼顾，人与自然的和谐发展、自然系统与经济系统的协调发展就不能实现。只有坚持并运用好统筹兼顾的方法，协调好经济、生态等各方面的关系，才能真正达到人与自然的和谐关系，才能使经济发展和环境相协调，实现全社会的可持续发展。

（一）坚持统筹兼顾，提高马克思主义思想认识

要解决我国经济社会发展出现的不协调问题，需要从马克思主义世界观、方法论的高度，提高马克思主义思想认识，深刻理解和把握好我国经济社会的协调发展。

我们需要运用辩证法，统筹经济社会发展。社会的发展是矛盾运动的，生产力与生产关系是矛盾运动的，经济基础与上层建筑是矛盾运动的。我们要辩证看待社会发展的矛盾运动，不需要片面的、畸形的、单一要素突进的发展；追求全面的、协调的、相对均衡的发展，保持经济、政治、文化等全面发展，社会整体才能进步。我们需要树立唯物史观，强调科学认识经济社会的协调发展。马克思主义在阐述经济社会发展时既强调社会发展的重点方面，又强调其他方面的重要

性；既强调生产力的最终决定作用，又强调生产关系的反作用；既强调人在发展中的作用，也强调自然对社会发展的影响。我们需要坚持马克思主义认识论，遵循经济社会发展的客观规律。当前我国社会发展中出现的一系列不协调问题，很大程度上是因为我们不能遵循经济社会发展的客观规律。人的主观能动性和客观规律的关系是哲学上的一个重要问题。人具有主观能动性，但人的主观能动性是受客观规律制约的，人只有遵循客观规律才能创造历史，否则认为人可以为所欲为地创造历史，则是“唯意志论”。当然人也不是被动的、消极的接受者，不能认为人在客观存在面前毫无作为，则是宿命论。因此，统筹经济社会发展需要我们尊重和把握规律，充分发挥人的主观能动性，实现经济社会的协调发展。

（二）坚持统筹兼顾，建立保障机制

深化经济体制改革和社会管理体制改革，是经济社会协调发展的根本保障。要消除制约经济社会协调发展的体制性障碍，需要我们着手进行体制创新、制度建设，深化经济体制和社会管理体制改革。不断完善社会管理和公共服务职能，构建全面的社会管理体制；实行公平竞争，健全人才激励机制；改革教育体制，构建现代国民教育体系和终身教育体系；改革科技管理体制，加快区域科技创新体系建设；建立适应社会主义市场经济发展要求的文化管理体制；强化政府公共卫生管理职能，建立与市场经济体制相适应的医疗卫生体制。

深化政治体制改革，是统筹经济社会协调发展的政治保障。深化政治体制改革，转变政府职能，加强宏观管理和公共服务功能，逐步形成行为规范、公正透明、廉洁高效的行政管理体制；完善决策机制，实现决策民主化、科学化；发扬基层民主，加强基层政权建设；建立健全选拔任用和管理监督机制，改革和完善干部人事制度；加强和改革党风廉政建设，健全和完善权力监督制度；加强法制建设，完善各种法律制度。

深化生态保护与治理机制，加强生态文明建设，是统筹经济社会协调发展的生态保障。解决环境问题、缓解社会经济压力、提高政府管理水平、防止腐败等给新阶段的生态保护提出了新的任务，对环境

管理同样提出了新的要求。面对新的多重环境挑战，我们必须做好机构和制度准备，环境管理部门必须加强同宏观经济部门的合作，参与社会经济领域的重大决策，制定综合的经济环境政策，鼓励环境保护的公众参与，使环境管理尽快走向综合管理的轨道，力争环境与发展的“双赢”。建立统一监管机制、协调机制、综合决策机制和社会参与机制，确保生态保护与治理体制的正常运转和目标的实现。建立可持续的社会经济体系，走可持续的工业化与城市化发展道路。通过法律、制度、标准、政策等手段，改变不可持续的生产方式，转向可持续的生产和消费模式。建立政府与企业的合作机制，创造企业参与环境保护的政策环境。建立和完善社会公众参与环境保护的制度，鼓励民间环境保护组织的发展，建立环境信息公开制度。建立参与国际环境合作机制，承担合理的国际义务，维护国家的环境与发展权益，充分利用国际环境资金机制（如清洁发展机制等）、技术和管理经验，促进中国的环境保护与经济发展。

四　坚持可持续发展的战略

坚持可持续发展是落实科学发展观的重要保障，走可持续发展之路是生态保护与治理的长远目标。自 1987 年联合国环境与发展委员会第一次提出可持续发展以来，作为一种新的发展思路、发展战略，一直指导着我国生态保护与治理工作。从 20 世纪 90 年代开始的可持续发展战略的制定到科学发展观的落实，体现了发展观的成熟和全面。实施可持续发展战略不是一种单纯的生态保护行为，而是上升到国家发展战略层面，不仅要实现当代人的发展，也要实现后代人的发展；不仅要实现经济和社会的可持续发展，也要实现生态环境的可持续发展；不仅要保证发展观的可持续性，也要保证生态保护与治理的可持续性。因此，必须坚持可持续发展战略，实现经济社会与环境的协调发展。西部是我国防止生态环境恶化和资源不合理开发的主要区域，也是减少资源浪费的重要区域之一。同时，西部生态环境的恶化性、严重性与脆弱性，使可持续发展能力较弱。因此，无论是从西部自身的开发和发展来看，还是从全国总体考虑来看，西部资源环境和生态的压力，使西部地区的发展必须始终坚持可持续发展战略。没有西部的可持续发展，就没有国家的可持续发展。西部地区的生态保护与治理必须走可持续发展道路。

西部地区生态环境问题的复杂性，发展前景不容乐观。随着西部地区的快速发展，环境问题无论在类型、结构还是区域上都发生了深刻的变化，这需要我们深入挖掘和扩展可持续发展的内涵。第一，要注重代内和代际发展权利、公平、公正。生态保护与治理问题也在不断演化，在当前，措施或战略、技术等在一定的程度上发挥着较大的作用，但生态保护与治理的公平性问题已经逐渐凸显。因此，在发展过程中，在生态保护与治理中，不能有损人利己的行为，不能以局部利益损害全局利益，不能以个体利益损害整体利益，不能以现实利益损害长远利益，不能以当地利益损害其他区域利益，不能以当代人的利益损害后代人的利益。第二，要强调人与自然的和谐关系，改变人征服自然之间的关系，缓解自然对人的报复，提高人类的生存环境，提高人类的生活质量和幸福作为可持续发展的目标。第三，要以保护与治理相结合、建设与发展相结合、发展与保护相结合、预防与准备相结合的方法，坚持建设和保护的可持续，不能以牺牲环境为代价，片面追求经济增长，使脆弱的被破坏的环境达到良好的状态。第四，要以清洁生产、循环生产的生产方式和科技型、劳动者素质型的集约化经济增长模式为发展方式，建立资源节约、循环利用、环境友好型社会。第五，坚持经济社会与环境的统一和协调，不可偏废，不能以发展为理由而不注重环境保护，也不能强调环境保护而不搞发展。

第二节　生态保护与治理中需要处理好的几种关系

西部地区的生产力水平还不高，生态建设滞后，治理污染的技术水平现在还比较落后。西部的生态环境非常脆弱，由于干旱、森林植被破坏和不合理的开垦等原因，沙漠化、石漠化严重。西部大开发战略的实施，科学发展观的落实，都需要我们加强生态的保护与治理，它不仅关系到西部地区的发展，也关系到整个中国全面建成小康社会目标的实现，关系到国家的长治久安。因此，生态保护与治理的任务非常紧迫。

生态文明建设不仅需要物质发展，也需要文化建设，还与政治制度建设紧密联系，需要物质文明、精神文明、政治文明的高度发展。对于中国来说，特别是西部地区，物质文明、精神文明、政治文明与生态文明的发展水平还比较落后，还存在着思路不清、关系模糊、处理不当等各种问题。这就需要我们处理好几种文明协调发展的关系。西部地区的经济将继续快速发展，工业化和城市化还将快速推进，人民生活水平和生活需求也将继续提升，则生态环境将面临更大的压力。如何坚持保护环境，促进发展与生态环境相协调，已经是推进全面建设小康社会所不能回避和轻视的重大现实问题。西部大开发带来了经济社会的大发展，为生态保护工作提供了难得的发展机遇，也为保护工作提出了挑战，这要求我们处理好发展与保护的关系。科学发展观的落实，生态文明的建设，生态的保护与治理，实现广大人民的根本利益，需要协调好各种利益关系，正确认识和把握整体利益和局部利益、长远利益和现实利益的关系。此外，生态保护中的政府、企业与社会公众的责、权、利不清，生态保护与治理的“政府失灵”，不自量力，法律规范不完善，执法不力，群众缺乏自觉性，缺乏环境的教育引导等都是西部地区生态保护与治理中急需解决的问题。因此，这些关系是西部地区生态保护与治理中带有全局性的几个问题：①多种文明协调发展的关系；②发展与保护的关系；③整体利益与局部利益的关系；④现实利益与长远利益的关系；⑤责任与权利的关系；⑥政府的主导性与群体自觉性的关系；⑦环境治理与量力而行的关系；⑧法律规范与教育引导的关系。如果这些问题得不到有效解决，不仅影响到广大人民群众的根本利益，也影响到经济社会的发展，影响社会的和谐。这几个关系体现了辩证唯物主义、矛盾运动的观点，体现了自然环境、经济、社会，人与自然、人与人等多方面的紧密结合和相互统一的战略思想，反映了我们对西部地区生态保护与治理的现实，对西部地区经济社会发展水平的认识在不断深化。因此，处理好这些关系才能推动西部地区的整个社会走上生产发展、生活富裕、生态良好的文明发展道路。

一　多种文明协调发展的关系

物质文明、精神文明、政治文明与生态文明共同构成一个社会的文明系统，它们彼此之间是相互促进和相互制约的。相互促进主要表现在物质文明是人类生存与发展的基础；精神文明是人类的精神动力和智力支持；政治文明是人的物质权益与精神权益的基本保障；生态文明是影响人类生存的自然基础。这四个文明分别在社会经济发展的不同阶段担当着不同的责任，物质文明、精神文明是生态文明发展的物质基础、精神动力和智力支持；政治文明是生态文明发展的制度保障；生态文明是物质文明、精神文明、政治文明发展的生态保障，有健康的生态文明，才有健康的物质文明、精神文明、政治文明。相互制约体现在，没有良好的生态条件，人不可能有高度的物质享受、精神享受和政治享受；没有生态安全，人类自身就会陷入不可逆转的生存危机；生态文明搞不好，将制约物质文明、精神文明、政治文明的进一步发展。物质文明、精神文明、政治文明的落后则不能促进生态文明建设。因此，四个文明要协调发展、相互促进，必须处理好其间的关系。

在处理文明协调发展的关系上，特别是生态文明建设，我们没有犯原则性错误。我们一直重视生态保护，且已经取得了较大成绩。我们现在的问题是，如何协调物质文明、精神文明、政治文明与生态文明之间的关系，更多、更好地保护生态环境。我们不是不重视物质文明、精神文明、政治文明建设，物质文明、精神文明、政治文明在目前的中国社会主义发展阶段还是重点。但是我们还要加强生态文明建设，力求使各种文明协调发展。加强生态文明建设的结果，可以保护生态环境，可以更好地提供给人们良好的生态环境，因而可以更好地促进其他文明的发展。其他文明要建设，但在现有的发展阶段下，生态文明建设要更快些。如果协调不好物质文明与生态文明的关系，则加剧了经济发展与环境保护的对立，造成生态环境急剧恶化，环境的破坏又危及工农业生产发展的基础，经济发展也会受到制约。如果协调不好精神文明与生态文明的关系，会造成企业与政府对污染的危害视而不见，逃避环境保护职责，老百姓缺乏环境保护意识。如果协调不好政治文明与生态文明的关系，在法律制度、政策制定的过程中不考虑生态问题，会造成生态环境的破坏，让生态环境朝恶化方向发展。当然，整体协调不好，顾此失彼，则人、自然环境与经济社会的协调发展将不能实现。

协调文明之间的关系，一是要防止两种极端，强调生态文明而轻视物质文明，或者重视物质文明而忽视生态文明。不能从一个极端走向另一个极端，要两者并重，当然在不同地区因发展阶段不同要有所区别。二是把文化创新、文化建设融入生态文明建设中，形成良好的生活方式和消费习惯，以文化建设促进生态文明建设。三是建设生态文明要维护各方面的利益，平衡各种关系，避免生态文明建设下的不公平、不公正。保证环境保护的有关法律法规、政策、标准和环境规划、计划的实施和执行，加大生态环境保护的执法力度。

二　发展与保护的关系

发展是我国的重点，尤其是我国西部地区，但绝不可因此而忽视西部的生态保护。从哲学理论层次讲，发展和保护是既对立又统一的矛盾关系。对立的关系是：双方是相互制约的，发展过快，不讲质量，以浪费资源和牺牲环境为代价，则会降低资源环境承载力，使生态环境进一步弱化、恶化，反过来又制约着经济社会的发展。如果一味地搞生态保护，没有发展的保障，生态保护将不具有持续性，没有发展的保障，解决不了生存问题，则会降低生态保护的效果。统一的含义在于：资源保护的目的是为了更好地开发利用，可持续地发展，以满足发展的需求。反过来，发展是生态保护的根本条件和前提。西部现阶段，发展是矛盾的主要方面，抓住了这个主要方面，问题就可以迎刃而解了。次要矛盾是，生态保护对发展有巨大的作用和影响，生态的保护极大地提高了发展的质量和潜力，没有生态保护的发展，将逐渐丧失发展的生态基础，最终导致发展的停滞以及可持续性，因此两者不可分割，共处于一个统一体中。发展与生态保护是动态的统一。在不同的发展阶段，对生态保护的要求、生态保护的技术等不同。同样，不同地区的发展阶段也是不同的。发展与生态保护是均衡的统一，就是在发展与保护中使各种利益均衡，处理好“平衡”与“不平衡”的关系。发展与生态保护是能动的统一，不是静止的，孤立的保护，“在发展中保护，在保护中发展”。发展与保护是追求速度与效益的统一，既要适当控制发展速度，还要加强生态保护；既要保持效率，也要讲究效益。发展与保护是体现公平公正的统一，不能体现公平公正，则发展可能走向歧途，环境保护则不可持续。

在处理发展和保护的关系上，我们犯了较多的错误，后果很严重。如传统的发展观下的“先发展、后保护，先污染、后治理”等观念还很严重。政府只考虑 GDP 的政绩观导致只重视经济增长而轻视环境保护，只重视发展的速度不重视质量，只讲效率不关注效益等在发展过程中还不在少数。政府的经济决策不考虑或者不重视环境因素，在环境监管、环境执法上不下功夫，让位于经济增长、招商引资，在生态保护上不愿意投入大量的人力和物力。生态资源的过度开发，经济的粗放发展，绿色技术、循环经济与生态产业发展水平落后，不仅限制了经济结构调整，经济的转型，而且使生态保护出现了反复性、扩散性以及影响的严重性。生态环境的脆弱性、恶劣性，环境污染的严重性，已经使一些发展成果付诸东流，如大量的人员患疾病或伤亡、造成经济的损失，也使一些人重新陷入贫困，或者加重了贫困的程度，脱贫难上加难。

那么如何在有限的生态资源下，寻求社会的发展，在社会的大力发展中，有效地保护生态，或者在两者矛盾运动中，协调统一发展与保护的关系？首先，我们不能脱离实际，孤立、静止地看待发展与保护的关系。其次，我们要探索新的发展道路，坚持生态文明建设，通过社会的发展，经济物质财富的提高，人的全面发展来解决生态保护问题；通过解决生态保护问题来减轻生态资源的压力，把环境保护作为加快经济发展方式转变的重要着力点，进一步发挥环境保护在结构调整、经济转型中的能动机制和杠杆作用，努力推动环境保护与经济社会高度融合发展，促进自然、经济社会的更进一步发展，谋求发展与生态保护的“双赢”，既满足发展的需要，又满足生态环境的需要；

既满足当代人的需要，又满足后代人的需要，努力实现可持续发展。最后，发展和保护中都要坚持以人为本，统筹兼顾各种利益关系。

三　整体利益与局部利益的关系

利益关系是一切问题的根源，处理好生态保护与治理问题，必须处理好利益关系，首先是整体利益和局部利益的关系。西部地区的生态保护与治理实践中的整体利益是全国的利益、全民族的利益，而局部利益就是西部地区的地方利益、部门利益与群体利益；整体利益是一个流域或区域的利益，而局部利益是流域或区域内部各个地区或者部门的利益。整体利益与局部利益是辩证的关系：整体利益是由局部利益构成的，是通过局部利益来实现的，离开了局部利益就无所谓整体利益。同时，整体利益又不是局部利益的简单相加，整体利益制约和决定着局部利益，局部利益只有在整体利益的“统领”下才有意义，才能最终实现。国家要注意地方的局部利益。同样，地方要服从中央的统一管理，局部利益在与整体利益冲突时，要放弃局部利益。

当前的局部利益与整体利益的冲突，主要是某些地方对国家的生态环境保护战略落实不力，有的甚至搞“上有政策，下有对策”。造成了严重的后果有，如一些地方对环境保护的决策，以“有利于本地经济发展”来考虑，合意的就执行，不合意的就不执行，产生了“你说什么我说什么，我该干什么还干什么”的错误态度。一些地方，拼命争项目、铺摊子，重复投资、重复建设，造成全国性的产业结构严重趋同，生产力布局不合理；有的甚至发展到为保护地方和部门的局部利益而参与生态破坏的程度，默许和庇护环境污染的行为，甚至直接参与。一些部门热衷于追求自身的权力和利益，政出多门，各行其是，有利的就支持，不利的则想尽办法阻挠，相互掣肘，扯皮不休。此外，上游在发展时破坏整个流域的生态环境，为了局部的利益，而损害下游，乃至整个流域的利益，这产生了极大的不公平性。这些情况必须纠正。

处理好整体利益和局部利益的关系，要深化改革，破除狭隘的局部利益观。在生态保护与治理中，由于各地发展的不平衡，难以做到所有的地区都能身体力行。当局部利益与整体利益发生矛盾时，要坚持以整体利益为重，把整体利益放在首位，必要时以牺牲局部利益来换取整体利益。不允许存在损害整体利益的地方利益，不允许存在损害整体利益的部门利益，不允许存在损害最广大人民根本利益的个体利益，也不允许存在损害下游利益的上游利益。要处理好整体利益和局部利益的关系，关键是突破旧的机制体制的束缚。大方向要坚持和完善基本经济制度，进一步完善社会主义市场经济体制，在更大程度上发挥市场配置资源的基础性作用。深化行政管理体制改革，推进政企分开、政资分开、政事分开、政府与市场中介组织分开。此外，解决这个矛盾，目前需要注意的是，应当在巩固全国统一管理的前提下，扩大一点地方生态环境权力，给地方更多的独立性，让地方在生态保护与治理实践中有更大的积极性，从而使局部利益符合国家整体利益，这将有助于我们提高全国生态保护与治理的成效，全面落实科学发展观，最终促进东、中、西部的经济社会协调发展。要协调流域或者区域内整体利益与局部利益的关系，因为一个地方的生态保护与治理成效显著，不代表整个区域或者流域的效果就好；此外，流域或区域内其他地方享受到生态环境改善的好处而没有考虑整体利益时，将不利于生态保护地区的积极性。我们必须建立完善流域或区域生态补偿机制，以使局部利益与整体利益统一。要协调整体利益与部门（个体）局部利益的关系，一方面要加大对一些政府部门、企业等个体的监督和惩罚，另一方面要通过生态保护绩效考核、市场化激励政策等方面提高个体进行生态保护与治理的积极性，不能因局部利益而破坏整体利益。

四　现实利益与长远利益的关系

我们要辩证地看待现实利益与长远利益，脱离长远利益，追求现实利益，舍本逐末、因小失大，是难以长久的；不讲现实利益，只讲长远利益，空洞抽象、脱离现实，是难以赢得人民群众拥护和支持的。生态保护有的是现实利益，有的是长远利益；现实利益有的是能够做到的，有的是暂时做不到、需要不断创造条件才能做到的；现实的利益问题，还因时、因地、因人而异。这就需要立足具体的社会环境和实际情况，具体分析不同地区、不同条件下的利益问题，确定哪些是现实的利益问题，从而为解决好这些问题奠定基础。在人类的发展过程中，长远利益可以转变为现实利益，现实利益要发展为长远利益，我们不能静止地看待此问题，延续长远利益就是保证了现实利益。在不同的发展阶段，要有所侧重，当现实利益的问题比较突出，我们要以现实利益为重点，长远利益为次要的矛盾，比如贫困问题就是一些地区亟须解决的现实利益问题，这时就不能以长远利益为重了，否则连现实需求都不能满足更不用考虑长远利益了。因此，我们要把当前利益和长远利益综合起来，不能割裂开来。

现实利益与长远利益的冲突，其后果也需要我们重视。一些人的观念、做法比较短视，认为长远利益不是我所能左右的，不是我能享受的，也是我管不了的，而缺少长远利益的考虑。一些地区简单地以为了群众的长远经济利益为借口，损害群众的现实利益。西部地区要发展，摆脱贫困和不发达状况，造成了当代人过度使用下代人的资源与环境，以最大可能地获取现实的、短暂的利益而损害了长远利益，出现了代际公平性问题。目前这些问题比较突出，群众的合法环境权益得不到保障，因为环境保护是关系到每个群众的生活和切身利益的现实问题。

要处理好这种矛盾，首先，要坚持可持续发展战略，长期贯彻落实科学发展观，树立生态文明观，着眼于后代人和可持续发展；其次，要技术创新，提高自然资源的可持续利用；再次，要加快发展，改善民生，提高西部地区特别是生态环境脆弱地区群众的收入；最后，要提高西部地区的教育水平，加强生态文化建设，培养生态保护意识。

五　责任与权利的关系

西部地区需要处理好生态保护与治理的责任与享受环境权利的关系。所有人在开发和利用环境资源后，要承担补偿自然的责任；所有人在破坏生态后，要承担保护生态的责任。因此，生态保护与治理既是历史责任，也是发展责任；既是社会责任，更是道德责任；既是政府责任，也是其他社会群体的责任。所有人包括政府、企业和个人都有生态保护的权利，包括生存权、发展权、参与权等各种环境权利。我们辩证地看待责任与权利的关系，从本质上讲两者是一致的，因为责任是一种特殊的权利，权利也是一种责任。尽管法律规定了你的责任，但你也可以选择实行与不实行。当不为的综合利益大于为时，则会选择不实行。当前的困局就在于此，某些企业，一些个人不参与环境保护的原因即是如此。这就要求在权利上使法律规范能有效保障社会公众的利益。因此，要保持生态保护的责任与权利的统一，不能只提权利而不见责任，特别是在现阶段，生态保护的责任暂且尚未尽力得以履行时，不能只注重权利的行使，而忽略责任义务的履行。同时，我们也不能只提倡生态保护的责任，因为我们享受的权利还不能有效地使所有人都能认真、努力地行使这个权利，在一定程度上还存在着过度使用、滥用权利的现象，这些都要加强环境权的建设，以生态保护的责任与义务来监督权利的使用。

由于生态环境问题本质是公共产权问题，在所有者缺位的情况下，就会出现“公地悲剧”，即各方均在公共地上争夺生态资源和各项权利。因此，在生态保护上，条条框框过多，导致生态环境在某种程度上成为一个权利的战争，也形成了责任的真空。在生态环境开发利用上，由于各部门有利可图，出现了政出多门的情况，权利冲突十分严重。而在生态保护上，却互相推诿，没有部门能有效地负起责任，从而有效地解决问题。由于我国一直实行以国家统一管理、相互协调的环境管理策略，一方面地方政府的环境保护部门执法困难，比较弱势，另一方面环境保护部门与其他部门的利益冲突难以协调。因此，当生态保护的实际责任分配到地方政府的部门，很多部门都不能真正承担起此责任，环境保护部门不能起到有效监督职责，其他部门不能考虑环境因素。此外，企业和社会公众在生态保护中，重权利、轻责任的问题也十分严重。这种权利的争夺，责任的缺失，大大降低了政府、企业与社会公众对生态保护的有效性。

因此，我们要从这两方面辩证地考虑生态保护责任与权利的关系，要注重生态保护的权利性与责任性的统一，要使责任与权利并重。以完善制度建设、选择正确的政策等加强生态保护责任，人们在拥有享用良好生态权利的同时，也必须承担维护良好生态的义务。保护生态既是道义上的要求，也是具有法律性的义务。在提高生态保护责任的同时，加强生态保护权利的行使，参与、监督生态保护的权利。为了实现责任与权利的统一，我们应重点注意三个方面：一是建立和完善各级政府和部门生态保护责任制。把各级政府对本辖区的生态环境质量负责、部门对本行业和本系统的生态保护负责纳入政府的有关考核内容，层层签订责任状；进一步强化生态保护的统一监督管理机制，探索和逐步建立区域生态环境质量考核和生态保护与建设审计制度。按照“谁开发、谁保护，谁破坏、谁恢复”的原则，明确资源开发单位和法人的生态保护责任，建立生态破坏限期恢复治理制度。二是提高企业生态保护的责任，明确企业生态环境保护的权利，建立环境资源的价格制度，促进生态的市场化模式发展。遵循“谁拥有、谁受益，谁保护、谁受益，谁损害、谁补偿”的原则。对于企业参与生态环境保护的行为要给予优惠政策和措施，提高企业的积极性。三是保障社会公众的环境权，提高社会公众的参与权、监督权、使用权、收益权等权利，大力培养社会公众的社会责任和道德责任，使权利和责任达到一种均衡关系。

六　政府的主导性与群体自觉性的关系

生态保护与治理涉及方方面面，是一项长期艰巨的任务，不仅需要政府的主导，也需要其他群体的密切配合、积极参与，需要全社会的共同努力。政府主导离不开群体的自觉，群体的自觉也离不开政府的主导，要实现政府主导与群众自觉相结合，充分协调发挥政府和其他群体的力量，共同完成生态保护与治理。虽然，现阶段，政府主导型的生态保护，起到了很大的作用，但这并不是否定了企业和群众的作用，毕竟我们的企业和群众已经开始意识到生态保护的重要性，而且环境问题涉及了群体的切身利益。因此，我们要在重视政府主导性的前提下，进一步提高群体的自觉性，让生态保护与治理工作真正步入政府主导、群众自觉参与的这样一种合理的、有效的机制中。

在生态保护与治理上，中国一直处于政府的主导性为主，群体自觉性偏弱的状况。主要体现在我国的生态保护与治理一般都是从上到下开展起来的，普通百姓，地方一些干部环境意识薄弱，不知道什么是生态保护，怎么保护生态。由于生态保护意识薄弱，生态保护制度建设落后，在很长时期内，以至于现在，西部地区的群众和媒介的环境监督作用没有得到发挥。当然也有部分群众及媒介能自觉行使权利，但参与环境的权利得不到保障，降低了群体的自觉性和积极性。此外，政府主导性的生态保护与治理机制也会产生"政府失灵"，这些都需要群众能自觉地监督，修正"政府失灵"，提高政府生态保护与治理的能力。同时，由于多年的宣传，政府的监督等措施，大部分企业已经意识到环境保护与治理的重要性，但环境保护实践上还比较滞后，存在着知易行难的情况，不能自觉地进行环境保护与治理。

企业要自觉进行生态保护与治理，承担社会责任。因为环境保护的利益和经济利益是辩证统一的。单靠政府的监督等外部压力，将不能实现企业的可持续发展。企业应自觉地把绿色技术应用到生产中，不仅为企业赢得声誉，还将带来长远利益，也会进一步培育消费者的环境保护意识，改变消费者的消费行为。企业应自觉地开展清洁生产，通过控制污染，节约资源等方式，从源头上减轻或消除对环境的破坏。企业应自觉地发展循环经济，力求以尽可能少的资源消耗和环境代价实现经济发展的最大效益。非政府组织应自觉进行生态保护与治理，主要指非政府组织的参与和监督。非政府组织一般都是生态环境的保护者、爱护者，由专家、学者、法律界人士以及热心市民组成。他们可以通过环境保护的宣传和教育，提高环境保护的意识，可以监督政府和企业的环境问题，维护公众的环境权益，帮助政府形成正确的环境决策，可以协调利益冲突的各方。社会公众应自觉进行生态保护与治理。只有广大人民群众自觉参与，环境问题才能真正解决。必须保障社会公众环境的权利，将环境权制度化，提高社会公众参与环境权利的积极性和自觉性。同时，我们也要对造成环境问题的社会公众进行谴责，进行道德教育，甚至法律惩罚，以使社会公众能提高环境意识，构建绿色的生活方式。

七　环境治理与量力而行的关系

西部毕竟属于不发达地区，还有大量的群众要摆脱贫困，因此需要大力发展生产力，以发展解决温饱问题，摆脱贫困，必然要在环境治理上偏弱些。也就是说，在重要矛盾和次要矛盾上，我们要以解决重要矛盾为主要任务，但不是说，在发展的同时不进行环境治理，要在发展中采取有利于环境保护的措施，提高环境保护的效率与效益。当然我们更不能单纯地保护环境而不发展，这样的环境治理则没有持续性。因此，我们要注重环境治理与量力而行的关系。在发展的过程中，考虑所处的实际状况，在生态保护与环境治理中量力而行，不能过分强调环境治理。而在环境治理中，要量力而行，必须从实际出发，有多大力量办多大事，尽量多办事，否则会降低环境治理的效果。

生态保护与治理有自己的客观规律，要有科学指导。违反事物发展规律而不自量力就会适得其反。同时违背客观规律的活动，生态保护与治理将不可持续，甚至制约着以后的环境治理。如有些地区在环境治理中盲目引进国外的先进技术，可是没有人会用，不能加以吸收和改进。再如某些地区为了环境保护政绩，在城市建设中高价购买大树，可活下来的却没几棵，造成资金和资源的浪费。还有某些地区为了发展循环经济开发区、生态文明建设区等，没有规划就开始圈地，没有考虑到能否引进资金和企业，即使引进了，也是一些既不循环也不生态的企业，破坏了生态环境。还有些地区只喊些大而空的口号，号称建设保护区、循环产业生态工业园，不能实事求是、不能接受监督、不能接受批评。

生态的保护与治理是一项长期的系统工程，需要大量的资金和人力投入，需要量力而行，因地制宜。我们要坚持科学发展观，必须要实事求是，量体裁衣，必须把环境治理与实际情况相结合，量力而行。因求大求快而违背了客观规律，只会把事情搞得更糟糕。环境治理要采取科学的方法，通过实地调研、数据采集、问卷调查、理论分析及科学测算，结合当地的经济发展状况，努力走出环境治理符合当地实际的道路。

八　法律规范与教育引导的关系

生态保护不仅要有制度上的规范，还要有非制度上的教育引导。在加强法律规范、制度建设的同时，要加强文化创新、教育引导，两者偏一不可。只有法律规范，能有效地约束和制止生态破坏、环境污染的现象，但文化观念落后，教育引导滞后，人们不能有意识地参与生态保护，不能有效地提高生态保护的积极性；只有非制度上的教育引导，人们才能积极地参与生态保护，但缺乏法律上的规范，制度上的保护，则不能有效地保护人们参与环境的权利，降低生态保护的积极性。同时，两者也是互相促进的关系，完善的法律规范和制度建设有利于文化的创新，有利于引导群众参与生态保护，因为它可以有效地保护环境权利；文化的创新，教育的引导，使政府、企业和个人积极参与生态保护，只有在生态保护与治理的实践中，才能更进一步地完善法律规范，有效地提高法律制度在生态保护与治理中的作用。因此，我们要处理好现阶段法律规范不完善与教育引导偏弱的关系，以制度建设提高教育引导性，以教育引导促进制度建设。

目前，法律规范的问题主要表现在：我国生态保护的行政法律法规缺失，难以实现科学执法；现有环境法律法规可操作性不强，对违法企业的处罚额度过低；环境法律法规偏软，环境保护部门缺乏强制执行权；执法体制不顺，难以实现独立执法；力量薄弱，难以实现公正执法；形式单一，难以实现严格执法。环境问题的解决不仅仅需要法律规范，也需要大力开展环境教育。但在我国，开展环境教育的时间比较短。政府等领导干部口头重视，行动忽视；学校基本没有环境道德教育；媒体宣传力度不够，知识不全面；家庭环境教育更是缺乏。近年来，虽然许多公众确立了较为明确的环境道德观念，但环境保护的参与意识还较为薄弱，对自己行为的作用以及应当承担的责任没有充分认识。

在法律规范上，要畅通公众参与渠道，建立信息公开制度；通过环境税费改革，企业环境保护成本内部化，加大处罚力度，强化执法手段，明确民事责任；强化政府环境责任，建立党政领导干部环境保护政绩考核评价体系；规范行政管理行为，建立环境保护行政问责制度等。在制度上要加快制定环境基础知识，环境法律知识，环境道德知识的教育规范，规范环境教育行为，使其制度化、有效化、长期化。此外，在生态环境的教育中不仅要有生态环境知识、生态道德知识，也要体现生态法律规范，让大部分人知道什么能做，什么不能做。在教育引导方面，要把绿色、生态教育作为公民教育的一部分，通过生态环境参与引导其他人生态意识的提高；通过生态科学知识的教育和普及，进而引导管理者和公众的生态意识；通过消费行为的宣传与教育，引导企业投资的导向；通过绿色技术、绿色产品，引导消费者的绿色消费行为。

第三节　生态保护与治理的具体建议

一　完善生态保护与治理的制度体系

西部地区面临的生态保护与治理问题是复杂的、多变的，而且受到了巨大的经济压力。如要保持生态环境与经济的协调发展，我们必须把解决生态保护与治理问题的政策选择放在极为优先的地位。要完善生态保护与治理的法律体系，加强对环境与资源保护的统一监管和部门间的协调；变革和创新政府生态保护与治理机制，建立统一监管，分区（块）治理机制、协调机制、综合决策机制、生态环境保护融资与保险机制和社会参与机制；完善区域（流域）生态补偿机制，促进生态保护与治理的公平公正；加快推进西部地区的市场化环境政策的实施，提高企业参与生态保护与治理的积极性。

（一）加强生态保护与治理的法治建设

在我国西部地区的环境法治建设既有国家生态环境法制体系存在的问题，也有西部地区内部特有的法治问题，体现在环境立法、环境执法、环境司法和法律监督等方面。就国家法律层面的问题以及治理对策等，已经有许多文献进行了分析[①]，这里就不再一一列举，也不再阐述。本小节主要探讨西部地区的生态保护与治理的法治建设。

在立法上，要结合西部地区的民族特色，协调好地方环境立法和国家法的关系，建立西部地区生态与治理的具体法律制度。西部地方

---

① 巩勇：《西部大开发中环境资源制度的经济学分析》，博士学位论文，新疆大学，2005年；李长亮：《中国西部生态补偿机制构建研究》，博士学位论文，新疆大学，2009年；刘爱军：《生态文明视野下的环境立法研究》，博士学位论文，中国海洋大学，2006年；何承耕：《多时空尺度视野下的生态补偿理论与应用研究》，博士学位论文，福建师范大学，2007年。

环境立法必须以宪法、国家环境保护法为依据，以促进本地区经济、社会、环境的可持续发展为目标，围绕本地区的生态保护与治理而进行。西部地区还应根据本地的实际情况对水土保持、封山育林、退耕还林（草）等制定切实有效的措施，针对本地特殊的生态、环境问题突出重点、抓住主要矛盾进行具有本地特色的地方环境立法。如对内蒙古的退耕退牧还林还草、“三北防护林”建设，云南、贵州与广西的石漠化，西藏的生物多样性，青海的江河源头，甘肃、新疆、陕西的荒漠化和沙漠化等生态环境做出明确、可操作性规定。加强少数民族的文化与环境立法的结合，重视“乡规民约”建设，应当把少数民族生态保护文化中传承的优良部分吸收到民族地方环境立法中去。加强与国家法的协调，在不违背国家法的前提下，地方环境立法可以进行大胆创新和突破，填补国家法的空白，例如制定《西部生态建设法》① 等。日本制定有关环境保护方面的法律多达近百项；德国现有的环境保护法同样是在20世纪70年代后相继推出的，总计达到2000多项。相对来说，我国的环境保护法律还是不够细致和明确的，更不用说地方性生态保护与治理法律了。

西部地区要加大生态保护与治理的执法力度，提高执法的有效性。首先，加快落实环境保护的领导责任制和环境保护政绩考核制，通过具体的制度安排，对党政领导的环境保护绩效进行考核，做得较好的要有晋升激励，否则要进行问责；对党政领导的环境决策失误、干扰环境保护执法的行为要追究责任。其次，在上面的基础上形成党政领导负总责、环境保护部门统一监督管理、有关部门分工协作、全社会共同参与这一全新的管理机制。将分散于分管部门的执法权加以集中，尽量集中到环境保护主管部门，使其真正发挥统一管理的作用。或者形成一个党政领导直属的环境执法协调部门，把各部门的环境执法进行统一的协调和监督，协调各部门的信息沟通，形成环境执法的合力。最后，加强环境执法能力建设，提高环境执法水平。对环

---

① 何瑾：《西部少数民族地区环境行政立法研究》，硕士学位论文，兰州大学，2009年。

境执法人员多进行培训，提高环境专业知识、环境法律法规的水平，增强其执法能力。对地方性的环境保护部门要加大环境保护的资金和设备投入，多配备或改善执法装备，提高生态环境监测的水平。加大具有环境工程等技术人员的招聘，通过提高环境保护人员的技术、管理水平，增强执法能力。同时，还要建立健全严格的稽查机制，对基层政府及其环境保护部门的执法工作情况进行有效监督。

西部地区应加强环境司法的作用。环境司法的作用可以表现在司法机关对环境违法行为的监督、审查和制裁，对被侵权者的司法救济，以及对环境法律实施问题的司法解释等方面。① 首先，对造成生态环境事故的部门和个人要追究法律责任，加大违法成本。不但要增加环境污染的经济惩罚还要增加法律行政惩罚，不但要对直接负责人还能在一定程度上要对所在单位进行处罚，可以大大增加环境污染的成本，有效地加大生态环境执法的力度。这方面做得较好的是贵州省设立的环境保护法庭，虽然这个法庭还是起步阶段，但对于加强环境司法力度、环境行政执法与司法之间的协调与衔接、在环境执法中发挥司法诉讼手段起到了一定的作用。还能在一定程度上杜绝地方保护主义的干扰，保证环境司法的公正性和独立性。其次，要建立环境公益诉讼制度，通过环境公益诉讼维护公众的环境权益。任何公民、社会团体或国家机关都可以起诉。特别是公民，应享有以下权利，就是根据已有或者将要制定的“环境污染法”规定的公民权益，进行环境诉讼，来进行索赔，而不是行政上的经济赔偿或者政府进行干预，以真正维护环境公益。最后，我们还要加强环境司法队伍建设。提高环境司法人员的环境意识和环境法治意识，在思想上提高其环境司法的积极性。在司法考试中设立环境司法考试，在法律专业学习中开设环境司法课程，多了解环境法律法规，为提高办案水平、进一步发挥环境司法的作用打下良好的基础。

（二）生态保护与治理机制的改革与创新

针对西部地区生态保护与治理的问题，我们急需对生态保护与治

---

① 范俊玉：《政治学视阈中的生态环境治理研究——以昆山为个案》，博士学位论文，苏州大学，2010 年。

理机制进行改革与创新。西部地区的生态环境差异较大，12 个地区各有不同的生态环境问题，也有交叉的共同问题。此外，生态环境治理的好坏与否与西部地区的经济发展直接相关，西部大部分经济落后地区还需要考虑贫困的压力。不但要结合生态环境的特征分区还要结合不同地区的经济发展状况，制定更有针对性和可操作性的生态保护与治理对策。因此，需要建立“统一监管，分区治理”的机制。统一监管，就是通过制度、程序和标准上的规定来明确对环境与资源保护进行统一监管，建立省市级党政领导直接负责的监督体制，以发挥地方政府在环境治理中的主动性和积极性，对辖区内的环境质量负责。各部门分工负责必须置于统一监管的框架下，各领域的环境保护工作必须接受环境与资源保护部门的统一监督。还要加强对地方环境执法的监督力度，加强对地方政府的环境绩效考核，对地方政府的环境违法行为实行环境问责制。分区治理，就是根据西部地区的生态环境特征，可以简单地把西部地区划分为西北干旱区、黄土高原区、西南喀斯特地区和青藏高原区四大类型，生态保护与治理必须结合各生态环境的不同特点，同时结合不同地区的经济发展水平，因地制宜，采取不同的策略进行分区治理。

为解决跨部门的环境问题及部门间、行业间、地区间的协调问题，设立协调机构对于新型资源环境管理体制仍然十分必要。因为受自身性质和地位限制，环境与资源保护部门仍不具备独立的部际协调能力，需要建立国家一级的环境与资源保护协调机制。建议成立国务院环境与资源保护委员会负责协调工作。国务院环境与资源保护委员会由国务院主管环境与资源保护工作的领导同志任负责人，以保证权威性和决策的落实。这一机制的较理想机构形式还可以设立流域环境与资源管理委员会，以流域的形式统一规划，综合调度，联合开发，建立流域资源、生态、经济综合管理模式。

生态保护与治理的整体性、跨区域性与行政部门管理的分割性存在尖锐的矛盾，经济决策很少或者根本不考虑环境问题，加上部门众多，各自为政，导致经济决策等重大事件脱离了生态保护与治理的局面。实现西部生态环境与经济协调发展，我们急需建立和完善相应的综合决策机制。从各级政府的决策源头开始有效地保护生态环境，在决策过程中对生态环境保护与经济发展进行统筹兼顾，科学决策，实现两者的协调发展。从法律上解决经济决策部门对环境后果不承担责任，而环境管理部门又缺乏经济决策权力的“环境与经济相互分割”的问题。因此，一方面要通过法律法规形式对各级环境与资源保护行政部门参与社会经济发展综合决策的权力和程序予以明确。另一方面要赋予协调机构和生态环境保护部门更大的权力和责任，负责审批西部生态环境建设的总体规划，协调流域内各级政府部门、环境保护部门的关系，消除目前部门分割决策的弊端，统一协调、综合决策西部地区生态环境与经济协调发展问题。

西部地区应健全生态环境保护融资与保险机制，提高抗风险的能力。西部地区完整的生态环境保护融资机制应坚持污染者和受益者付费原则，范围则应包括明确的投资方向、合理的费用负担模式、多元化的融资渠道以及融资手段。西部地区继续拓宽融资渠道，一方面提高政府融资能力，另一方面需要鼓励政府和污染者以外的投资者参与环境保护投资，启动民间投资机制，吸引社会资金。银行要支持企业的环境保护项目融资，培育环境保护企业上市进行环境保护融资。此外，加快农村生态保护与治理的风险保障机制，以及农村生产经营抗风险机制的建设。对于遭受自然灾害以及生态破坏给农民带来财产损失的要进行赔偿，以避免农民因损失而陷入贫困，提高抗风险的能力，同时也能提高农民生态保护与治理的积极性。

为实现广大人民的根本利益，应制定必要的制度和机制，鼓励社会公众参与到相应的环境决策和环境管理的过程中，也就是要建立健全社会公众参与机制。这里我们只考虑社会公众，不涉及政府和企业等主体。我们首先要鼓励民间环境保护组织的发展，建立环境信息公开制度，提高社会公众的知情权和监督权；其次要广泛吸纳公众参与决策，尊重公众意见，广泛接受民意，提高公众的参与权，加强环境保护决策的公开性、透明度。最后社会公众由于环境问题受到侵害后，要提高环境请求权，建立环境纠纷的处理制度和环境公益诉讼制度。当然要构建社会公众参与机制，不仅西部地区政府要大力进行宣传和教育培育，以提高环境保护参与意识，同时还要完善社会公众参与环境决策的法律制度，制定环境信息公开制度和环境诉讼制度，保障公众参与的顺利进行。

片面追求经济增长的发展观，“以 GDP 为中心”，不管条件、不惜代价、不计后果招商引资等政府行为已经使生态环境付出了沉重的代价。这些问题在前面的论述中已经体现，但我们如何约束或限制政府官员的这种以晋升激励为主的政绩观呢？我们应该把环境保护纳入政绩考核体系，严格执行绿色 GDP 核算体系。要改变将单纯的 GDP 增长作为核心指标的做法，研究探索并建立绿色 GDP 核算体系。建立绿色 GDP 核算体系，可以克服传统 GDP 指标的缺陷，更有利于我们将经济增长与环境保护、资源节约统一起来，实现经济发展和人口、资源、环境的协调发展。在这个过程中，不仅要大力研究并严格执行绿色 GDP 的衡量指标，还要将公众的环境质量满意度、空气质量变化、水质变化、森林覆盖增长率、环境保护投资增减率、群众性环境诉求事件发生数量等指标纳入政府官员考核标准。还要将地方政府对中央政府各项环境保护法规政策的落实情况也作为指标纳入政府官员考核标准。还要做到科学、全面、合理，具有可操作性，并能注意体现不同地区之间的差异性。当然在大部分地区仍然是欠发达的西部地区全面组织实施绿色 GDP 核算还存在着较大的难度。但在西部的较发达城市可以试行绿色 GDP 核算体系，严格执行，把考核的结果与对官员的任免及奖惩密切挂钩。只有把环境保护绩效考核的结果真正与官员的任免和奖惩相结合，考核指标才会真正成为“硬指标”，考核本身也才能对官员的施政行为产生有效的激励作用。

（三）完善生态补偿机制

在国内外，已有不少学者就生态补偿机制的问题进行研究[①]，这

---

① 何承耕：《多时空尺度视野下的生态补偿理论与应用研究》，博士学位论文，福建师范大学，2007 年；丁四保：《主体功能区的生态补偿研究》，科学出版社 2009 年版，第 164—191 页；丁四保、王晓云：《我国区域生态补偿的基础理论与体制机制问题探讨》，《东北师范大学学报》（哲学社会科学版）2008 年第 23 期；中国生态补偿机制与政策研究课题组：《中国生态补偿机制与政策研究》，科学出版社 2007 年版，第 2—4、74—78 页。

里就不过多涉及生态补偿的概念、内容等方面，主要就如何完善西部地区生态补偿机制进行分析。

第一，要加强生态补偿立法。生态补偿机制必须建立在法制化的基础上，一方面，从国家层面上制定生态补偿法；另一方面，结合西部各区域生态特色，各地区要建立具有特色的生态补偿制度，但必须在国家法律层面上，补充符合本地区的生态补偿条例。

第二，充分发挥财政转移支付在生态补偿中的作用。一方面，要完善纵向财政转移支付。中央政府可以改进财政转移支付结构，增加对西部地区的重要生态功能区、自然保护区、矿产资源开发区、流域生态保护良好的省市的补助和奖励，形成激励机制；继续加大对西部生态环境脆弱区的支持力度。以财政转移支付，对重要的生态服务功能实施国家购买等方式进行财政支持。整合现有的生态保护专项资金统筹使用，优先用于生态功能重要区。另一方面，建立起各级政府间的横向财政转移支付。在特定区域内经济发达地区补偿贫困地区，使生态保护的受益者和提供者在成本和收益的分担与享受上趋于合理，激励贫困地区保护生态环境的积极性，提高发达地区生态保护的义务，形成生态补偿与环境保护的良性互动关系。

第三，强化生态补偿的税收调节机制。对西部地区发展生态循环经济产业实行特惠财税政策，提取适当比例的生态环境保护与治理基金，专项用于对西部的生态补偿项目。对西部地方兴办的所有生态循环经济企业、产业的税收收入全部留给地方，降低税率、放宽税收政策。为了保护生态环境，西部地区要开征资源税，以避免和防止生态破坏行为。对稀缺性资源的开发要逐步提高税率，并改变单一的减免税的优惠形式。

第四，我们还要推进区域生态补偿的产权制度建设。对于跨流域、跨地区的生态补偿问题由于上游提供优质的水资源，可以设点上下游政府间，以及企业与社区之间的水资源交易。对于水资源短缺、水资源污染严重的一些西部地区，要加快推进区域生态补偿的水权制度建设，从法律上促进和完善水资源所有权制度、水资源使用权制度、水权流转制度。另外，具有条件的一些西部地区要尽快建立碳排放交易制度、污染权交易制度。

第五，尽快完善生态补偿组织结构，加快生态补偿政策制定、生态补偿核算、生态补偿征收、生态补偿信息网络体系等结构的建立，确保生态补偿活动顺利开展。同时，为保证生态补偿政策的公平合理，建立生态补偿资金使用绩效考核评价制度，建立相应的奖惩制度，发挥生态补偿资金的激励作用。建立生态信息资源的共享平台，提高合作的可操作性，进一步减少合作中的冲突和矛盾，加强生态补偿机构与人员的培训，提高生态补偿的核算能力。

第六，建立生态保护与治理基金。对于一次性消费品、稀缺资源产品以及多消耗资源的个人征收生态补偿税，进入生态保护与治理基金账户。从财政预算收入中适度提取，对环境破坏的罚款与没收，以非政府组织募集资金如募集生态保护彩票资金，接受的国际组织赞助和 NGO 募集的捐款等，扩大西部地区生态保护与治理基金的来源。

（四）加快推进市场化环境政策的实施

继续加快推进市场化环境政策，建立健全征收排污费制度、许可证制度等法规、制度、标准体系，促进西部生态环境建设的健康发展。利用市场机制，更多地运用经济激励政策，包括明确资源和环境的产权，征收环境税、费，广泛使用排污许可证等，促进企业参与生态环境保护与治理。

西部地区应加快建立自然资源产权制度。在自然资源绝对公有的前提下，单一的所有权结构虽然对自然资源的集中管理和保护形成一定的作用，但也带来较大的负面影响，就是自然资源产权不清，自然资源难以得到有效配置。因此，根据自然资源的产权特性和西部的经济社会发展状况，建立产权明晰的自然资源产权制度是西部生态环境立法的重要任务。

西部地区应加快排污权交易制度的推进。在中国排污权交易是生态环境保护的一种新方式，也是实现生态环境产业的一种手段。法律意义上的排污权是法律赋予特定排污者对富余的环境容量资源的使用权。《中华人民共和国环境保护法》第 27 条，《水污染物排放许可证管理暂行办法》第 6、16 条规定了排污主体享有一定的排污权，这为排污权交易奠定了法律基础。从目前我国关于排污权交易的立法来看，对于总量控制、排污许可证国家已有部分法律和法规，但有的不具体，有的不全面，有的缺乏配套法规、规章，而直接规定该交易行为的法律法规尚是空白的。根据《中华人民共和国立法法》第 64、73 条的规定，可以先制定地方性法规和规章。因此，西部民族地区的生态环境法律制度中可以先行制定有关排污权交易的法规、规章、单行条例、自治条例，为排污权交易提供法律依据，对全国性立法进行探索。

西部地区应该试行开征环境污染税，变费为税，取代行政收费，加强征收环境污染税的污染治理作用。一方面要扩大环境污染税的征收范围，而不限于空气和水污染，但把征税对象的资源优势和竞争力结合起来考虑。要设计科学的、合理的计税方法，方便操作。另一方面要协调好税务和环境保护部门之间的利益，提高征管效率。此外还要对环境污染税进行合理的利用。保障环境保护与治理的资金的透明性、公平性，要接受公众的监督。

西部地区应加快 ISO 14000 认证体系建设。从总体上看，我国企业参与的热情并不是太高（西部地区更是少之又少），通过认证的企业数量也并不多。对此，我国政府应充分认识到实施 ISO 14000 系列标准的必要性和重要性，积极创造各种条件，不断推进该标准在我国的认证工作。一方面，要尽快引进国际 ISO 14000 认证体系，制定符合我国实际状况的体系；另一方面，对实行 ISO 14000 认证体系的企业要给予优惠政策和措施，提高企业的积极性。此外，政府和其他环境保护机构要积极推进企业申报 ISO 14000 认证体系，并对申报企业进行支持和帮助。

二　发展生态经济

西部地区生态保护与治理问题中的一个主要因素就是如何发展经济，是走先增长、后治理的道路，还是生态与经济协调发展的道路，也就是经济增长方式选择问题。西部地区生态环境的脆弱性、环境污染的恶化性已成为经济发展的“瓶颈”，我们必须转变传统的经济增长方式，大力发展生态经济，建立可持续的社会经济体系。

（一）以结构调整、质量优先为目标

西部地区应积极调整产业结构，充分发挥比较优势，大力发展特色产业。西部地区应改变粗放式的经济发展方式，提高农业生产效率，根据不同地区发展的需要发展生态特色农业。西部要利用能源资源丰富的比较优势，加快能源产业的发展，提高利用效率；西部要发挥好重要矿产资源丰富的优势，做大做强矿产资源型加工业；西部发挥好制造业的基础优势，加快发展有竞争力的支柱产业。对于低附加值的加工业，提高生产技术、生产效率，延长产业链。西部地区要加大旅游资源的整合和开发力度，努力培育成为西部的支柱产业，开发并保护旅游资源。西部地区还要大力发展循环经济。从企业内部循环的角度出发，发展生态工业和可持续农业。从生产之间的循环角度看，大力发展生态产业链或生态产业园区。

因此，大力发展生态经济，建立可持续的社会经济体系，首先要全面推进产业结构调整，以产业质量升级为目标，促使西部地区经济增长方式全面转变。

（二）大力发展生态农业，促进农业经济增长方式转变

西部地区生态农业发展存在以下问题：一是小农思想有所体现，农民的生态保护意识薄弱。西部地区的农民多数处在落后的地区，一部分属于民族地区。受到贫困与农民落后思想的约束，对生态保护的认识不高，环境保护意识薄弱，还在一定程度上存在乱砍滥伐、过度放牧、破坏生态环境等现象。此外，农村地区的交通公共设施投入不足。还有一些地区的政府领导干部认为当前农民连温饱都难以解决，不可能搞生态保护与治理，存在着生态保护的认识误区。二是生态龙头企业规模小，集中化程度不高，不具有规模经济。生态农业发展中盲目效仿和无序竞争现象严重。西部地区大多数特色农业项目多由政府推动，不同地区重复建设较为普遍。导致企业竞争激烈，规模难以做大，制约了龙头企业的进一步发展。三是生态农业生产基地的基础设施不健全，资本投入不足，服务功能不强。生态农业生产基地的组织管理体系不顺，管理协调能力低。违背经济规律，造成资源浪费、竞争加剧。盲目引进一些污染企业，加重环境的污染与破坏。四是农

民与企业的利益协调与保障机制不完善，缺乏金融支持、风险保障机制。农民与企业没有形成真正的利益联盟，没有形成稳定的契约关系。企业诚信度不高，毁约现象很普遍，而农民法律观念淡薄，对企业毁约问题不能采取法律措施维护自己的利益。法律对农民保护措施不力，企业常常不履行合同，并将其负担和风险转嫁给农民。此外，我国还缺乏对龙头企业的金融支持，缺乏农业发展的融资渠道，缺乏因自然灾害带来的损失扶持政策与保险机制。融资难一直没能很好解决，农业发展风险的保障机制也没有建立。

西部地区在发展生态特色农业，促进农业产业化上需要注意以下几点：一是加强对生态农业发展的政策支持和宣传力度，改变农民生活、生产的思维方式，强化农民环境保护意识。通过宣传和普及科技知识，专家和科技人员的指导，提高农业生产的科技含量。大力宣传有关生态农业知识，积极引导农民积极参与农业生态结构调整，提高农民在生态农业生产中的积极性与参与性，促进农业的可持续发展。二是建立生态农业示范基地。在基础条件较好的地区建设特色农产品生产基地，发展生态农业示范基地。加强管理，合理规划已经建立起来的示范基地。在生态农业示范区，要以绿色、循环技术为主。通过生态农业示范基地标准化生产的规模经济及品牌示范效应，带动生态农业的推广。如加强内蒙古的奶业和羊绒，新疆的棉花，陕西的苹果，贵州、西藏、云南的药材，贵州、云南的茶产业等生态农业基地的建设，做大做强基地的龙头企业，形成规模经济。三是因地制宜，发展多种生态农业模式，促进生态农业产业化。选择以生态庭院或生态户为单位的低投入生态模式，开展农业产业生态化的产业组织建设、规划，发展龙头企业，进行“公司+农户”等多种制度创新、管理创新，通过产业化龙头企业带动农户的发展。以生态农业产业园区为载体，依据比较优势的原则发展西部特色农业，大力发展特色农产品深加工业，延伸农业产业链，延长农产品价值链，开发优质农业产业化体系，充分发挥西部生态区位优势及农产品的比较优势，利用西部不可替代的生态环境条件，为市场提供具有自己优势和特色的农牧产品。四是西部生态农业可持续发展需要建立健全保障支撑体系。建立农副产品和农业生态环境监测体系。定期监测和报告农副产品及其生产环境是否受到污染的情况，尽快健全和完善农业生态环境保护监测机构对农业生态环境进行全面、系统的监测。建立技术支撑体系。在生态农业运行过程中，鼓励技术创新，推动技术进步，提高农业产业技术水平、资源利用效率和污染治理水平，促进农业产业结构高级化。健全生态农业建设融资机制。多渠道、多层次、多方位筹集建设资金支持发展生态农业。除了争取政府投资外，还要吸引企业投资，鼓励走“公司+农户”的产业化发展道路，鼓励农民投资，建立股份合作制。五是要建立生态农业保险制度。生态农业作为现代农业发展的成功模式，为了降低农业生产的风险，保障生态农业可持续发展，需要加强农业保险，进行生态农业保险组织创新，充分利用现代金融工具，建立生态农业保险制度，确保生态农业健康发展。

（三）大力发展生态工业，推进工业经济增长方式转变

西部的工业化应当追求以生态环境建设为基础，协调人与自然环境的关系，实现西部人民生活水平的稳步提高，最终实现社会的全面发展。为了推进工业经济增长方式的转变，我们可以大力发展生态工业。生态工业采用清洁的能源，包括常规能源的清洁利用，可再生资源、新能源的开发，以及多种节能技术的开发应用；采用清洁生产过程，即对生产过程采取整体预防性的环境策略，使物质在系统中多次循环使用，将终端污染处理转向污染源的防治；采用生产清洁的产品，即从生产和服务的过程减少产品对环境的冲击，包括节约原料和能源，少用稀缺原料，在产品制造过程中以及使用后阶段以生态环境保护为主要考虑因素，使用易于回收再利用的材料，强调产品的使用寿命等。因此，发展生态工业，既要走循环经济，也要走可持续发展的道路。

加强生态工业知识宣传，树立生态工业发展意识。目前西部地区推行生态工业最大的障碍来自传统的观念和思想，对企业而言，进行“生态化”的生产往往需要采取新技术和较大的投资额，大多企业领导人没有工业生态中的理念和价值；对地方政府和普通民众而言，发展生态工业意味着技术革新和产业升级，必然导致结构性失业，影响

地方政绩和民众切身利益。因此若不及时转变观念，即使强制推行生态工业，其实施效果也必然因遭到抵制而被稀释。因此，要充分利用宣传舆论工具，进行宣传教育，大力培训各级政府有关部门、相关机构和企业的管理人员，使生态工业理念融入政府执政理念、企业组织文化和民众生活观念中去，形成良好的社会氛围。

发挥西部地区的资源比较优势，转变工业发展方式。首先，利用清洁技术，加快发展规模化清洁能源工业。西部地区应做好资源开发的统筹规划，提高资源开发的集约化、规模化水平，大力发展清洁能源技术。合理开发石油天然气资源，有序规划和建设石化基地。加快发展水电、火电基地，提高循环技术在发展中的作用。积极发展风能、太阳能等新能源，提高再生能源的利用。通过这些策略不断提高西部地区能源工业的规模、技术水平和市场竞争力。其次，做大做强资源型工业。加强矿产资源管理，加快改造一批现有的矿产资源开发基地，规划建设价值高、规模大的原材料基地，做大做强资源型加工业，形成开发合理、规模效益明显、加工链条长、价值高、产品种类多的优势资源加工产业群。最后，提高制造业支柱产业的竞争力。围绕电子信息、新材料、高端装备制造等具有一定发展基础的产业，增强产业关联效应，充分发挥辐射带动作用，形成产业配套完善、技术领先、质量一流的支柱产业群体。此外，还要大力发展具有优势的畜牧产品加工业、中成药制造业、烟草加工业、食品加工业等，形成有利于推动地方经济发展的支柱产业。

构建企业生态化的利益驱动机制以及技术支撑体系。发展生态工业最主要的主体是企业，市场经济下企业的经营目标是追求利益最大化，其行为往往根据成本收益核算结果来决定，因此可以通过对生态工业企业财政、政策倾斜等优惠手段，使企业有足够的利益动机选择低耗、高效、轻污染的技术项目。引导那些创造能力较强、利润高、“关联效应”较大的主导产业为脱贫解困做贡献，通过利益引导其参与、支持生态工业；对西部地方政府而言，则需要在中央政府的政绩考核机制设计中将生态工业考核纳入其中，通过修正地方政府的利益目标函数使其有足够的（政治）利益动机去推动本地生态工业的发展。西部地区生态工业发展还需要技术支撑，对一些关键的污染治理技术、物质循环利用技术、资源回收利用技术、生态无害化技术、新能源和可再生能源利用技术、绿色制造技术进行攻关，提高这些生态技术的适用性和经济合理性。①

建设生态工业示范园区。首先，通过开展生态工业试点，积极探索生态工业示范园建设道路。可以选择一批现有的工业园区，积极进行生态结构改造。也可以选择正在建设的工业园区，按照生态学的原理进行规划和设计。② 其次，积极发挥地方环境保护、科技等部门的作用，从当地各政府部门抽取相应的工作人员加入生态工业示范园区的管理机构，完善生态工业示范园区的组织体系，协调生态工业示范园与其他政府部门的利益冲突，并提高管理能力。再次，积极协调相关部门，争取对生态工业示范园区加强政策扶持力度，在政策上对关键项目予以重点扶持。最后，建立相应的园区 APPEL 计划、废物交换系统、信息网络系统以及生态环境质量综合评价体系等，为园区内的企业提供良好的 R&D、金融、通信、环境法规咨询以及技术、市场信息等共享服务，通过园区、企业和产品不同层次的生态管理，为工业生态系统的可持续发展提供生态保障。

（四）大力发展生态服务业，推进服务业经济增长方式转变

首先，加快生态服务业法律法规建设。完善生态服务业各行业相关的法律法规，进一步细化法律法规和相应的行业标准。另外，现代服务业中各行业的管理还有待进一步加强，现代服务业中的商贸业、旅游业、物流业、餐饮业等应该开展诸如工业企业中开展的生态审计、ISO 14000 环境管理体系认证、环境标志认证、生态文化创建等企业生态管理措施，从企业层面上贯彻生态文明理念，抑制污染发生，实现生态文明。其次，加强与生态农业、生态工业的合作，实现产业部门之间以及与生态系统之间的生态耦合、资源共享、物质循环

---

① 王晓光：《发展生态工业是走新型工业化道路的重要途径》，《软科学》2003 年第 4 期。

② 盖凯程：《西部生态环境与经济协调发展研究》，博士学位论文，西南财经大学，2008 年。

和能量梯级利用，构建工业、农业和现代服务业部门之间经济链，逐步形成三大产业循环圈，在宏观层次上实现循环经济的同时也促进服务企业自身生态化建设。再次，要充分发挥丰富的旅游资源，加快发展旅游业。西部地区要加大旅游资源的整合和开发力度。积极发展与旅游业相配套的餐饮、会议、购物、娱乐等服务业，提高服务业的水平和档次。加强基础设施建设与旅游资源开发结合，加快特色旅游产品的发展，重视旅游的宣传和推介工作。最后，加快西部基础设施建设和生态服务业人才培养。一是要加快西部基础设施建设，科学规划，解决旅游、物流等相关服务业的交通不便问题。二是要通过人员培训，引进生态服务业管理人才，大力培养科技教育业、金融服务业、生态旅游业等相关服务业人员，提高从业人员待遇与服务质量，加强西部生态服务业管理和服务人才的素质建设和队伍建设。

三 加强科技创新

提高西部地区生态保护与治理的水平，我们需要加强科技创新，不断提高西部地区生态保护与经济发展的自主创新能力，坚持自主创新与引进吸收相结合，培育技术创新主体，加快科学研究和人才培养，发挥区域政府的协调推动作用，促进区域资源开发利用技术和环境保护技术的创新，以实现西部区域经济系统的优化和生态系统的稳定以及两者的恰接。

（一）加强科学技术的普及和推广

生态经济的技术载体是绿色技术，包括生态保护优化技术、资源高效利用技术、清洁生产技术、废弃资源再回收技术、无公害技术和生态化技术等。西部地区整体的资源综合利用能力相对落后，因此，增强西部地区生态经济发展的技术创新能力，首先要加快科学技术的推广普及，才能在西部地区提高生态与经济协调发展的科学意识。由于历史和自然的原因，西部地区产业大多是在农耕业和畜牧业基础上建立起来的，生产效率低下，产业和产品的科技含量低，西部民族地区的劳动者科技意识和技能素质也相对较低。因此，西部地区要发展生态经济，必须加快科学技术知识及成果的普及和推广，尽快提高西部地区的科技水平和劳动力的素质能力。

（二）加强技术引进与自主创新，尽快提高技术创新能力

西部地区通过技术的内向转移积累自身技术基础并进行消化、吸收、再创新，可以节省大量的学习成本和研发成本，避免了在大量技术探索中的失误和重复研究，大大降低了创新成本和风险。西方发达国家和东部发达地区在工业化进程中已经积累了大量先进的资源合理利用技术和环境恢复保护技术，对西部地区而言直接引进先进国家的技术，借鉴东部发达地区的成功经验不失为构建区域绿色技术支撑体系的一条有效途径。

当前，提高西部地区经济发展自主创新能力的切入点和主攻方向，主要是培养、造就一大批实用性科研人才和制定促进自主创新的激励政策。发展西部科技人才教育和大力引进高新技术人才，是提高西部经济自主创新能力的根本途径。国家要建立适应西部民族地区经济社会发展特点的高科技教育基地，中央财政要重点安排西部地区的高科技教育投入，为西部地区调集、引进高科技教育师资，对经济发展特别落后的地区实行对口教育支援和定向培养高等实用人才的计划。要结合西部的实际情况，开办或升级教育与科研相结合的教研型高校，开办中等实用技术和管理教育，为西部生态产业和生态循环经济发展培养高中级科技创新人才。要建立西部生态循环经济应用技术专项研发基金，加大科技重大攻关项目等对西部地区的支持力度。重点扶持资源节约、生态恢复等重大科研攻关项目；对废弃物回收处理和再利用的技术进行奖励，对相关的技术研发人员提供研发经费；设立小额技术进步探索基金，奖励创新，宽容失误，鼓励广大第一线的科技人员进行科研探索。

同时，国家要制定和实行相关政策，鼓励东中部地区科研、教育、管理、经营、融资等各方面优秀人才到西部创业和发展，特别要实施优惠的激励政策，动员发达地区的高中级人才带技术、带项目、带资金、带市场到西部地区发展生态循环经济产业，带领西部地区的科技人员和广大劳动者创新创业，从整体上推动西部地区技术创新能力的提高。

（三）加强技术创新的政府推动

西部技术创新离不开政府的引导、推动，政府在启动、激励、组织和协调绿色技术创新等方面具有不可替代的作用。

首先，在政策上要激励企业发展绿色技术。一方面通过制订和实施区域中长期绿色科技计划，为区域产业和企业绿色技术创新提供方向性指导，创建支持技术创新的基础平台和服务体系，协调有关科研机构和企业联合开展区域支柱产业和主导产业发展急需的共性绿色技术和关键绿色技术开发。另一方面加强政府对以生态技术生产的“绿色”产品的采购，每年公布生态技术产品的支出预算和采购目录，减免生态科技产品的销售营业税，以市场的手段促进产品科技含量的提高。其次，在组织上支持企业发展绿色技术。对于绿色技术的基础研究，政府要加强产学研的合作，提高企业进行绿色技术的基础研究水平。国家要对西部重点产业和特有产品分层次建立各级、各类生态循环经济产业示范园。在生态循环经济工业园区内，因地制宜地大力发展生态循环产业，建立生态循环技术研发机构，鼓励教学科研单位进驻园区，实现园区产学研的有机结合。再次，在资金上保障企业发展绿色技术。以西部创新主体自身的研究开发为基础，加大自主技术创新投资力度，为企业的绿色技术研发活动提供资金支持。政府可以直接出资资助企业的绿色技术创新活动，或通过税收优惠间接地刺激厂商从事溢出价值较大的技术创新。最后，在制度上培育企业发展绿色技术。西部地区要培育企业成为真正的创新主力军，一是要进一步推进以建立现代企业制度为目标的企业改革，使其成为真正的市场主体，增强创新激励如科技股权改革，形成由内在力量推动的、积极的企业自主创新活动；二是要优化企业技术创新环境，发展和完善技术市场，推动新技术专利、品牌的转让，强化知识产权保护，落实按要素分配，切实维护首创企业的利益，通过利益机制驱动企业积极进行有利于生态环境保护和产业结构优化的技术创新。

（四）加强技术创新的人才培养

西部地区生态保护与治理的关键是要建立起西部地区资源、技术、制度选择集合与人力资源（包括管理团队）的良性互动关系，而这种良性互动关系的确立关键在于人才，在于培养造就一大批具有驾驭生态保护与治理能力的优秀人才，形成具有西部地区特色的人力资源团队，全面提高经济社会发展管理水平。

首先，从政策上支持生态保护与治理专业人才的培养。一方面，抓紧制订科学可行的西部生态保护与治理的人才总体规划。针对西部生态保护与治理的现状、趋势及其对各类人才的需求情况，在充分科学论证和调查研究的基础上，制订年度和中长期的人才需求规划。另一方面，建立完善人才对口支援制度，鼓励高校、科研单位与西部地区联合办学，选拔西部地区的人才到科研单位进修深造，同时从高校、科研单位选派专业人员到西部进修调研，形成西部地区与高校院所之间的良性互动。其次，创新生态保护与治理的人才培养模式。在西部高校中开设生态保护与治理专业，在全国各大研究机构中设置生态保护与治理部门，重点为西部地区培养应用型、实战型、研究型的人才。鼓励西部地区的在校学生就地就业，学以致用，干有所成。采取大学生委托培养、定向就业的方式，有针对性地培养专门人才。要注重加强西部民族地区人才与外界的交流。可以采用人才异地交流、派出学习、到国外考察访问等形式，使得人才在交流中得到锻炼；也可以聘请相关的专家、学者到西部地区讲学、进行实地指导，结合当地经济发展的实际情况开展科学研究和技术开发的合作，使西部地区的人才在与外界的交流合作实践中得到快速成长，成为推进西部地区生态循环经济又好又快发展的中坚力量。最后，加大高校、研究机构以及企业环境保护人才培养的投资力度。对于既掌握环境工程技术，又懂得生态产业相关技术知识的人才，既是技术型又是管理型的人才，要加大投资力度，提高相关待遇，改善工作环境，避免人才流失。加强对西部各大企业和各级政府现有人才的培训与继续教育，加大投入，促进现有人才的素质升级，充分挖掘现有人才的潜力。要创新引进生态保护与治理的专业人才的激励机制。提高引进核心人才的相关待遇，改善人才创业和就业环境，让人才能够人尽其才、大有作为。

四　加强文化创新

西部地区的文化观念在一定程度上阻碍了生态保护与治理。我们必须创新西部地区的文化，变传统文化为生态文明的生态文化。生态文明的生态文化不仅蕴含了人类、社会、自然“三位一体”的系统观念，而且蕴含着经济社会可持续发展的观念；不仅倡导绿色技术的生产观念，而且倡导健康科学的消费观念；不仅蕴含着改革不合时宜的旧体制的观点，而且蕴含着法治观念。因此，我们要围绕实现生态文明建设这一根本目标，结合西部地区优秀的传统文化，发展生态文化，以文化创新不断推动西部地区生态保护与治理。

（一）加强文化的观念创新

首先，强化生态意识观。虽然当前西部地区的生态意识呈不断加强的趋势，但总体上还是比较薄弱的，特别是西部的贫困地区，由于生存的原因，对生态问题的感知度与关注度普遍较低；公民生态意识的发展与生态现状存在明显的差距；大多带有盲目性和自发性；大部分人对生态危机的严峻性认识不足。因此，一是通过生态保护与治理的宣传活动，使人们充分认识到生态资源危机已迫在眉睫，形成自觉保护环境的行动。在越来越多的社会公众通过宣传教育提高了环境保护意识后，可以形成有益于环境保护的良好社会舆论氛围，反过来又会督导、促进政府的环境保护意识的提高。二是坚持生态文明观念，关键在于改变传统的发展观念，摒弃重经济建设、轻生态环境保护与建设的落后思想，树立全面、协调、可持续的科学发展观，强化各级领导干部的可持续发展意识。三是使人们深刻认识到高能耗、高污染的经济增长模式，认识环境污染带来危害程度，增强环境保护的监督意识。使企业认识到自身生产方式的选择对生态环境保护的促进或阻碍效应，提高科技创新、使用环境保护技术的积极性和自觉性。四是使人们普遍认识高消费、过度消费对生态环境的压力，引导形成绿色健康文明的消费模式。通过长期、广泛的生态文明宣传教育，转变人们传统的价值观念、生活与消费观念，倡导文明的绿色的生活方式、消费理念，建立全新的生态环境保护意识。

其次，确立适应和谐社会的生态文化理念。一是形成生态保护与治理的自觉理念，也就是社会主体的生态保护与治理的信念和准则，一种自觉践行和主动追求生态的理性态度。二是形成“以人为本”的理念。广大人民群众是社会物质财富和精神财富的创造者，也是生态保护与治理的践行者。因此，要把关心人、尊重人、解放人、发展人作为一切工作的出发点和落脚点，切实尊重和保障人们的经济、政治、文化和生态权益，不断满足人民群众多方面的需求，促进人的全面发展。三是形成生态保护的法治理念。必须强化生态保护的法治观念，依照法律规则来治理环境，做到有章可循、有法可依，生态保护与治理才能有效进行。四是形成生态保护的公平理念。应努力创造条件，缩小城乡、地区和不同社会群体之间的贫富差距，才能营造公平的生态保护观念；建立和维护生态保护的参与权，做到公平、公正参与；政府对生态保护与治理要公平公正对待，不能因经济利益而损害广大人民群众利益；不能因当代人的利益而损害后代人的利益。

（二）加强文化的路径创新

西部地区要抓好高层次人才培养。加强专业领军人物和高层次专门人才的培养。完善人才竞争和激励机制，鼓励和支持优秀人才脱颖而出。积极培育文化领域优秀专业技术人才、经营管理人才，大力营造尊重知识、尊重人才的良好舆论环境。

优先发展教育和科学，提高全民族的科学文化素质。各级政府不仅要在思想上高度重视，还要实行工作责任制，必须把教育和科学工作作为政绩考核的重要指标。深化改革、创新教育科学发展体制。合理配置教育资源，加大政府的教育投入；加强教师队伍建设，全面推进素质教育；加强职业教育和培训，发展继续教育，构建终身教育体系。加强基础研究和高新技术研究，提高国家的科研投入，鼓励科技创新，建立区域技术创新体系。最后要通过包括政策法律、经济支持、新闻媒体等各种途径和形式，在全社会营造尊重知识、尊重科学的价值导向、舆论氛围。

培养社会主义思想道德观念，把依法治国和以德治国结合起来，促使法律和道德相辅相成、相互促进。积极开展社会公德、职业道德、家庭美德教育，促进人际和谐。引导人们树立节约资源能源、保护生态环境的意识，促进人与自然的和谐。在全社会形成良好的诚信氛围，加强政务诚信、企业诚信、社会诚信建设，引导人们增强诚信观念，推动诚信社会建设。在全社会提倡勤俭节约，形成符合传统美德和时代精神的道德规范和行为规范。

（三）加强西部农村文化创新

政府应增加对农村文化建设的投入，着力推进西部农村文化建设重点工程，加大国家以及发达地区的文化资源向西部农村的倾斜，帮助西部地区建立农村文化建设的长效机制。① 合理配置西部地区公共文化资源，逐步增加为农村服务的资源总量。国家要扩大公共财政对西部地区覆盖农村的范围，加大国家中央财政转移支付资金对西部地区乡镇和村的文化建设的投入，西部地区文化领域新增加的财政投入应主要用于农村。此外，发达地区要积极利用文化优势，引导、带动西部农村文化，特别是对传统文化的改进，提高西部地区农村的生态保护观念。

（四）加强西部民族文化创新

政府应高度重视西部地区民族文化资源的开发和利用，特别是关于自然、生态保护方面的民族文化，在继承的基础上，不断推陈出新，形成适合人与生态和谐发展的文化观念和体系。增进西部民族文化、现代文化、国外文化之间的交流与对话，实现文化的创新，增强文化发展的动力。西部民族文化与现代生产力充分结合，与现代教育充分结合，将使西部地区民族文化更加适应现代化、现代生态文明的需要。

---

① 中共中央办公厅、国务院办公厅印发：《国家“十一五”时期文化发展规划纲要》，人民出版社 2006 年版，第 9 页。

结　论

本书从生态文明的视角对西部地区生态保护与治理进行了深入研究，这种尝试不仅是我国生态文明建设和西部地区生态保护与治理创新深化的一种努力，同时也是当前西部地区生态恶化，人民对加强生态保护的现实需求的一种学术回应。本书从理论（生态文明理论为视角）—实践（西部地区生态保护与治理的问题）—再理论（马克思生态文明指导下的西部地区生态保护与治理的理论）—再实践（西部地区生态保护与治理对策建议）的研究方式，得到了以下几个主要结论：

首先，生态文明是人类文明的重要组成部分。中国共产党继承、发展了马克思生态文明思想并在新的时代背景下提出了建设生态文明的历史任务。生态文明是物质文明、精神文明以及政治文明的有益补充，并且各个文明之间是协调发展、相互促进、相互制约的。从社会历史发展的角度，生态文明贯穿于原始文明、农业文明与工业文明之中，只是原始文明、农业文明与工业文明中生态文明的发展程度不同。因此，本书指出生态文明不是脱离工业文明的一种更高级的文明形式。随后指出马克思生态文明观是人与自然的内在统一观、和谐发展的劳动实践观、生态文明的革命观以及“以人为本”的生态价值观。

其次，由于历史遗留问题，以及经济社会的发展，西部地区已出现生态环境相对恶劣性、复杂性与脆弱性等问题；经济社会发展与环境承载力矛盾突出，经济的发展与环境保护的矛盾加剧等问题；西部地区人类的生存、发展与环境的矛盾等生态问题。在生态保护与治理实践中，存在着发展观方面、政策选择方面、文化观念的障碍、生态保护的公平性等问题。这些问题既是为什么要大力建设生态文明的现实依据，也为马克思生态文明观指导下的西部地区生态保护与治理提供了实践基础。

最后，从西部地区生态问题及其保护与治理中问题的角度看，在马克思生态文明观指导下，西部地区的生态保护与治理应贯彻科学发展观，“以人为本”为评价尺度，以建设环境友好型社会为目标，处理好八种关系，提出了制度、经济、科技与文化等具体对策。

通过本书的研究，我们发现对马克思主义生态文明观的实践还需进一步深化。如马克思生态文明观的系统化、可操作化、具体化，科学发展观、“以人为本”与生态文明建设有机结合等问题。下一步的学习或努力的方向就是努力将马克思主义生态文明观理论化、系统化、实践化，为马克思主义生态文明观在中国的实践寻求新的路径，寻求理论创新。

此外，由于内容和篇幅局限，本书不能解决有关西部生态保护与治理中的所有理论问题，而且由于笔者本身知识的局限性，对于马克思主义生态文明思想还不能全面、深入地理解，这也决定了在所展开的研究中，还存在诸多的不足。

参考文献

[1] 王学俭、宫长瑞:《试析马克思主义生态文明观及其当代意蕴》,《理论探讨》2010 年第 2 期。

[2] 赵敦华:《西方哲学简史》,北京大学出版社 2001 年版。

[3] 张传友:《西方智慧的源流》,武汉大学出版社 1999 年版。

[4] 笛卡尔:《探求真理的指导原则》,商务印书馆 1991 年版。

[5]《西方哲学原著选读》(下卷),商务印书馆 1963 年版。

[6] 大卫·雷·格里芬:《后现代科学》,马季方译,中央编译出版社 1995 年版。

[7] 张曙光:《人的存在的历史性与现代境遇》(上),《学术研究》2005 年第 1 期。

[8] 黑格尔:《自然哲学》,商务印书馆 1980 年版。

[9] 施密特:《马克思的自然概念》,商务印书馆 1988 年版。

[10] 马克思:《1844 年经济学哲学手稿》,人民出版社 2000 年版。

[11]《费尔巴哈哲学著作选集》(上卷),商务印书馆 1984 年版。

[12]《费尔巴哈哲学著作选集》(下卷),商务印书馆 1984 年版。

[13] 陈芬:《在自然界实现人道主义——试论马克思恩格斯的生态自然观》,《马克思主义研究》2003 年第 3 期。

[14] 胡军:《马克思恩格斯关于生态问题的思考》,《中国特色社会主义研究》2006 年第 3 期。

[15] 侯书和:《论马克思恩格斯的生态观》,《中州学刊》2005 年第 6 期。

[16] 王雨辰:《福斯特的生态学马克思主义理论评析——生态唯物主义哲学的重建与生态政治哲学》,《马克思主义研究》2006 年第

12 期。
[17] 郭剑仁：《生态地批判：福斯特的生态学马克思主义思想研究》，人民出版社 2008 年版。
[18] 穆艳杰：《生态学马克思主义的生态危机理论分析》，《吉林大学社会科学学报》2009 年第 4 期。
[19] 丁东红：《“生态学马克思主义”及其启示》，《理论视野》2010 年第 4 期。
[20] 徐春：《对生态文明概念的理论阐释》，《北京大学学报》（哲学社会科学版）2010 年第 1 期。
[21] 卓越：《加强公民生态文明意识建设的思考》，《马克思主义与现实》2007 年第 3 期。
[22] 尹成勇：《浅析生态文明建设》，《生态经济》2006 年第 9 期。
[23] 张云飞：《试论生态文明在文明系统中的地位和作用》，《教学与研究》2006 年第 5 期。
[24] 中国社会科学院邓小平理论和“三个代表”重要思想研究中心：《论生态文明》，《光明日报》2004 年 4 月 30 日。
[25] 刘思华：《对建设社会主义生态文明论的若干回忆——兼述我的“马克思主义生态文明观”》，《中国地质大学学报》（社会科学版）2008 年第 4 期。
[26] 方时姣：《马克思主义生态文明观在当代中国的新发展》，《学习与探索》2008 年第 5 期。
[27] 郇庆治：《社会主义生态文明：理论与实践向度》，《江汉论坛》2009 年第 9 期。
[28] 李春秋：《马克思恩格斯生态文明观探究》，《伦理学研究》2010 年第 4 期。
[29] 张青兰：《马克思主义的生态文明观及其现实意义》，《山东社会科学》2010 年第 8 期。
[30] 廖志丹、陈墀成：《中国生态文明建设的哲学智慧之源》，《贵州社会科学》2011 年第 1 期。
[31] 诸大建：《生态文明：需要深入勘探的学术疆域——深化生态文

明研究的10个思考》，《探索与争鸣》2008年第6期。
[32] 姚旻：《生态文明与西部民族地区经济发展》，《中国流通经济》2009年第12期。
[33] 哈文、汪志国：《生态文明理论与生态安徽实践》，《江淮论坛》2009年第3期。
[34] 赵西三：《生态文明视角下我国的产业结构调整》，《生态经济》2010年第230期。
[35] 李宏岳：《生态文明视野下的新型工业化道路》，《经济问题探索》2008年第7期。
[36] 缪细英、廖福霖、祁新华：《生态文明视野下中国城镇化问题研究》，《福建师范大学学报》（哲学社会科学版）2011年第1期。
[37] 王国聘、是丽娜：《生态文明视野中的生态旅游发展之路》，《学术交流》2008年第2期。
[38] 李文生：《马克思主义生态文明观视阈下的海峡两岸经济区建设》，《福建农林大学学报》（哲学社会科学版）2009年第4期。
[39] 刘宗碧：《必须妥善处理生态目标与生计需要之间的关系——关于黔东南生态文明试验区建设中的问题之一》，《生态经济》2010年第5期。
[40] 舒川根：《太湖流域生态文明建设研究——基于太湖水污染治理的视角》，《生态经济》2010年第6期。
[41] 陈玉梅：《海南省文昌市"文明生态村"研究》，博士学位论文，华中师范大学，2007年。
[42] 黄德林、余韵：《加强农村环境保护，促进生态文明建设——以武汉城市圈为例》，《理论月刊》2008年第6期。
[43] 申振东：《建设贵阳市生态文明城市的指标体系与监测方法》，《中国国情国力》2009年第5期。
[44] 北京林业大学生态文明研究中心ECCI课题组：《中国省级生态文明建设评价报告》，《中国行政管理》2009年第11期。

[45] 刘丽明：《西部开发与经济增长》，《当代财经》2001 年第 2 期。
[46] 任保平、陈丹丹：《西部经济和生态环境互动模式：产业互动视角的分析》，《财经科学》2007 年第 1 期。
[47] 成艾华、雷爱民：《西部地区经济增长与可持续发展研究》，《统计与咨询》2006 年第 6 期。
[48] 马俊：《西部环境与经济增长之关系研究》，《西北民族研究》2005 年第 3 期。
[49] 陈文晖：《不发达地区经济振兴之路》，社会科学文献出版社 2006 年版。
[50] 韦苇：《中国西部经济发展报告 2006》，社会科学文献出版社 2006 年版。
[51] 李琳、刘一良：《西部贫困地区可持续发展的障碍与对策研究》，《西安财经学院学报》2003 年第 2 期。
[52] 陈孝胜：《西部地区人口、资源、环境与经济可持续发展对策》，《经济论坛》2004 年第 19 期。
[53] 秦大河：《中国西部环境演变评估》，科学出版社 2002 年版。
[54] 刘卫东：《中国西部开发重点区域规划前期研究》，商务印书馆 2003 年版。
[55] 黄霞、宋波、董邦俊：《西部开发中环境保护法制建设思考》，《中国人口·资源与环境》2002 年第 5 期。
[56] 任立鹏、任锡君：《西部大开发与环境保护问题的法律思考》，《黑龙江省政法管理干部学院学报》2002 年第 5 期。
[57] 刘爱军：《生态文明视野下的环境立法研究》，博士学位论文，中国海洋大学，2006 年。
[58] 胡树林：《制度变迁中的西部经济增长》，博士学位论文，四川大学，2004 年。
[59] 巩勇：《西部大开发中环境资源制度的经济学分析》，博士学位论文，新疆大学，2005 年。
[60] 曾贤刚：《环境保护产业运营机制》，中国人民大学出版社 2005

年版。
[61] 黄润源：《生态补偿法律制度研究》，博士学位论文，华东政法大学，2009 年。
[62] 李长亮：《中国西部生态补偿机制构建研究》，博士学位论文，兰州大学，2009 年。
[63] 余波：《区域生态补偿机制研究》，博士学位论文，北京林业大学，2010 年。
[64]《邓小平文选》第 2 卷，人民出版社 1994 年版。
[65] 陈学明：《论研究“西方马克思主义”在当代中国的意义》，《马克思主义哲学研究》2004 年第 1 期。
[66] 刘福森：《自然中心主义生态伦理观的理论困境》，《中国社会科学》1997 年第 3 期。
[67] 丹尼斯·L. 米都斯：《增长的极限——罗马俱乐部关于人类困境的报告》，李宝恒译，吉林人民出版社 1997 年版。
[68] 陈宗兴、刘燕华：《循环经济面面观》，辽宁科学技术出版社 2007 年版。
[69]《垃圾困局　一场席卷全球的生态危机》，《南方都市报》2010 年 1 月 17 日。
[70] 中共中央文献研究室、国家林业局：《毛泽东论林业》，中央文献出版社 2003 年版。
[71] 孟浪：《环境保护事典》，湖南大学出版社 1999 年版。
[72]《邓小平文选》第 3 卷，人民出版社 1993 年版。
[73]《江泽民文选》第 1 卷，人民出版社 2006 年版。
[74] 王世谊：《论生态文明建设的重大时代意义》，《当代世界与社会主义》2009 年第 4 期。
[75] 涂大杭：《精神文明概论》，厦门大学出版社 2002 年版。
[76]《孙中山选集》，人民出版社 1981 年版。
[77]《独秀文存》，安徽人民出版社 1987 年版。
[78] 梁实秋：《新编名扬百科大词典》中册，名扬出版社 1985 年版。

[79] 中华大词典编纂委员会编纂：《中文大词典》第 15 册，中国文化学院出版部 1966 年版。
[80] 陈国强：《简明人类文化学词典》，浙江人民出版社 1990 年版。
[81] 张广智、张广勇：《史学、文化中的文化——文化视野中的西方史学》，浙江人民出版社 1990 年版。
[82] 王缉思：《文明与国际政治——中国学者评亨廷顿的文明冲突论》，上海人民出版社 1995 年版。
[83] 虞崇胜：《政治文明论》，武汉大学出版社 2003 年版。
[84]《朗文当代英语辞典》，外语教学与研究出版社 1997 年版。
[85] 迈克尔·曼：《国际社会学百科全书》，袁亚愚等译，四川人民出版社 1989 年版。
[86] 姜智红：《论文明的多样性》，博士学位论文，中共中央党校，2005 年。
[87] 威尔·杜伦：《东方的文明》（上），李一平等译，青海人民出版社 1998 年版。
[88]《圣西门选集》第 2 卷，董果良译，商务印书馆 1982 年版。
[89] 阿诺德·J. 汤因比：《历史研究》（下册），曹未风译，上海人民出版社 1964 年版。
[90] 阿尔温·托夫勒：《创造一个新的文明——第三次浪潮的政治》，陈峰译，上海三联书店 1996 年版。
[91] 塞缪尔·亨廷顿：《文明的冲突与世界秩序的重建》，周琪等译，新华出版社 1999 年版。
[92] 诺贝特·埃利亚斯：《文明的进程》，王佩利译，生活·读书·新知三联书店 1998 年版。
[93] 姬振海：《生态文明论》，人民出版社 2007 年版。
[94] 徐春：《生态文明蕴涵的价值融合》，《光明日报》2004 年 3 月 2 日。
[95] 王世涛、燕宏远：《生态学马克思主义论析》，《哲学动态》2000 年第 2 期。
[96] 廖才茂：《论生态文明的基本特征》，《当代财经》2004 年第

9 期。

[97] 张青兰：《马克思主义的生态文明观及其现实意义》，《山东社会科学》2010 年第 8 期。

[98] 陈文庆：《马克思主义的生态文明理论》，《生产力研究》2010 年第 5 期。

[99] 王学俭、宫长瑞：《试析马克思主义生态文明观及其当代意蕴》，《理论探讨》2010 年第 2 期。

[100] 俞可平：《科学发展观与生态文明》，《马克思主义与现实》2005 年第 4 期。

[101] 申曙光：《生态文明构想》，《科学学与科学技术管理》1994 年第 7 期。

[102] 陈少英、苏世康：《论生态文明与绿色精神文明》，《江海学刊》2002 年第 5 期。

[103] 邱耕田、张荣洁：《利益调控：生态文明建设的实践基础》，《社会科学》2002 年第 2 期。

[104] 朱孔来：《社会文明体系中应包含生态文明》，《理论学刊》2004 年第 10 期。

[105] 闫喜凤：《论生态文明意识》，《理论探讨》2008 年第 6 期。

[106] 袁秋兰、盖军静：《资本主义生态危机的根源及其出路——本阿格尔的生态危机理论评述》，《哈尔滨学院学报》2011 年第 4 期。

[107] 王学伟：《马尔库塞与阿格尔生态马克思主义理论之比较和评价》，《学术交流》2008 年第 12 期。

[108] 解保军：《马克思自然观的生态哲学意蕴及现代意义》，博士学位论文，黑龙江大学，2001 年。

[109] 王雨辰：《论生态学马克思主义的生态价值观》，《北京大学学报》2009 年第 5 期。

[110]《2009 年中国区域发展报告——西部开发的走向》，商务印书馆 2010 年版。

[111] 丁四保、王晓云：《我国区域生态补偿的基础理论与体制机制

问题探讨》，《东北师范大学学报》（哲学社会科学版）2008年第23期。
[112] 环境保护部：《全国生态脆弱区保护规划纲要》，2008年9月。
[113] 董智新、刘新平：《新疆草地退化现状及其原因分析》，《河北农业科学》2009年第4期。
[114] 张彦英、樊笑英：《生态文明建设与资源环境承载力》，《中国国土资源经济》2011年第4期。
[115] 邱鹏：《西部地区资源环境承载力评价研究》，《软科学》2009年第6期。
[116] 樊纲、张曙光：《公有制宏观经济理论大纲》，上海三联书店1990年版。
[117] 周黎安：《晋升博弈中政府官员的激励与合作——兼论我国地方保护主义和重复建设问题长期存在的原因》，《经济研究》2004年第6期。
[118] 蒋满元、梁素萍：《地方政府竞争过程中的双重效应问题探讨》，《湖北经济学院学报》2010年第1期。
[119] 中国科学院可持续发展战略研究组：《中国可持续发展战略报告2006》，科学出版社2006年版。
[120] 盖凯程：《西部生态环境与经济协调发展研究》，博士学位论文，西南财经大学，2008年。
[121] 闫敏：《西部大开发战略中的生态保护新课题》，内蒙古草业信息网，2006年4月4日。
[122] 中国生态补偿机制与政策研究课题组：《中国生态补偿机制与政策研究》，科学出版社2007年版。
[123] 朱留财：《从西方环境治理范式透视科学发展观》，《中国地质大学学报》（社会科学版）2006年第9期。
[124] 潘岳：《中国环境问题的根源是我们扭曲的发展观》，《环境保护》2005年第6期。
[125] 范俊玉：《政治学视阈中的生态环境治理研究——以昆山为个案》，博士学位论文，苏州大学，2010年。

[126] 林尚立:《国内政府间关系》,浙江人民出版社 1998 年版。
[127] 谢庆奎:《中国政府的府际关系研究》,《北京大学学报》(哲学社会科学版)2000 年第 1 期。
[128] 陈振明:《公共管理学》,中国人民大学出版社 2005 年版。
[129] 荀丽丽、包智明:《政府动员型环境政策及其地方实践——关于内蒙古 S 旗生态移民的社会学分析》,《中国社会科学》2007 年第 5 期。
[130] 周厚丰:《环境保护的博弈》,中国环境科学出版社 2007 年版。
[131] 宋蜀华:《论中国的民族文化、生态环境与可持续发展的关系》,《贵州民族研究》2002 年第 4 期。
[132] 杜鹃:《地方性质与生态环境保护——以西南山地文化区为例》,《长江大学学报》(社会科学版)2010 年第 6 期。
[133] 喻见:《贵州少数民族地区生态文化与生态问题论析》,《贵州社会科学》2005 年第 3 期。
[134] 白兴发:《论少数民族禁忌文化与自然生态保护的关系》,《青海民族学院学报》(社会科学版)2002 年第 9 期。
[135] 林庆:《民族文化的生态性与文化生态失衡——以西南地区民族文化为例》,《云南民族大学学报》(哲学社会科学版)2010 年第 3 期。
[136] 何星亮:《中国少数民族传统文化与生态保护》,《云南民族大学学报》(哲学社会科学版)2004 年第 1 期。
[137] 汪中华:《我国民族地区生态建设与经济发展的耦合研究》,博士学位论文,东北林业大学,2005 年。
[138] 谭鑫:《西部弱生态地区环境修复问题研究——基于经济增长路径选择的分析》,博士学位论文,云南大学,2010 年。
[139] 郇庆治:《欧洲绿党研究》,山东人民出版社 2000 年版。
[140] 布赖恩·巴克斯特:《生态主义导论》,曾建平译,重庆出版社 2007 年版。
[141] 赵小芒:《科学发展观——马克思主义发展观的创新成果》,

人民出版社 2007 年版。
[142] 安德鲁·多布森：《绿色政治思想》，郇庆治译，山东大学出版社 2005 年版。
[143] 张曙光：《生存哲学》，云南人民出版社 2001 年版。
[144] 《保持共产党员先进性教育读本》，党建读物出版社 2005 年版。
[145] 宋德孝：《以人为本：社会进步三维评价尺度中的主体尺度关切》，《中共南宁市委党校学报》2008 年第 3、4 合期。
[146] 王晓光：《发展生态工业是走新型工业化道路的重要途径》，《软科学》2003 年第 4 期。
[147] 李启家：《环境保护市场化、产业化与环境法律制度创新》，《武汉大学环境法研究所基地会议论文集》，2001 年。
[148] 潘岳：《保护环境即是促进社会公平》，《中国新闻周刊》2004 年第 11 期。
[149] 胡锦涛：《在省部级主要领导干部提高构建社会主义和谐社会能力专题研讨班上的讲话》，《人民日报》2005 年 6 月 27 日第 2 版。
[150] 翟玲玲：《西部民族地区生态文明结案及法制保障体系构建研究》，硕士学位论文，西北民族大学，2009 年。
[151] 巩勇：《西部大开发中环境资源制度的经济学分析》，博士学位论文，新疆大学，2005 年。
[152] 李长亮：《中国西部生态补偿机制构建研究》，博士学位论文，新疆大学，2009 年。
[153] 刘爱军：《生态文明视野下的环境立法研究》，博士学位论文，中国海洋大学，2006 年。
[154] 何承耕：《多时空尺度视野下的生态补偿理论与应用研究》，博士学位论文，福建师范大学，2007 年。
[155] 丁四保：《主体功能区的生态补偿研究》，科学出版社 2009 年版。

后 记

本书是在我博士学位论文基础上完成的。我生在西部，长在西部，西部情结一直伴随着我多年的学习和研究。世人关注的西部大开发让西部成为近年来发展较快的地区，人们在赞赏西部经济的巨大成就时，也把眼光聚集在了西部生态的保护上。如何使西部地区经济社会快速发展，又切实保护好西部的良好生态，是我一直关注和研究的问题。今后本人还将一如既往地持续关注这一领域的发展进步，愿意为该领域的繁荣兴旺贡献力量。我对西部很熟悉，但由于认识能力和理论水平的局限，要真正从生态文明视阈下做好对西部地区生态保护与治理的研究，困难非常大。

我 2008 年进入华中师范大学政法学院，师从林剑教授，2011 年完成学位论文，因此本书所收集的资料截至 2011 年年初。这以后，关于西部地区生态文明建设及生态保护与治理的研究又有不少新人新作出现。本书是对过去成绩的一个小结，也是希望通过这一形式，起到抛砖引玉的作用，为推动该研究领域的不断发展尽一份力。

在本书的创作过程中，得到了大量良师益友的启发和指点。首先是我的导师林剑教授倾注了大量心血，给予了全面的指导。他高尚的师德、渊博的学识、严谨的学风，给了我必胜的信心和无穷的力量，使我顺利地完成了本课题的研究，这本书凝聚着他的心血和汗水。在本书创作过程中，马敏教授、秦在东教授、龙静云教授、张耀灿教授、叶泽雄教授、刘从德教授、陈宏业教授、高新民教授、韩璞庚教授、鉴传今研究员不吝赐教，给予指导，他们的谆谆教诲和宝贵意见，是那样的精辟和精彩，让我受益匪浅，终身难忘。研究生处的各位领导、老师和我的同窗好友们，在我读书期间给予我大力支持和无私帮助，为我的学习和写作创造了良好的条件，他们是我的良师益友。我还要感谢我的家人、同事和朋友，在我攻读博士学位的三年里，是他们给我祝福、给我分忧、给我加油，让我艰辛的求学路上一路阳光。